Klipp & Klar Lerntrainer

Herausgegeben von Walter Kowalczyk und Klaus Ottich

Dr. Walter Kowalczyk, Jahrgang 1949, ist Schulpsychologe und als Lehrbeauftragter an der Universität Hannover tätig. Er ist Mitglied in der Aktion Humane Schule.
Klaus Ottich, Jahrgang 1942, ist Oberstudienrat und arbeitet als Lehrer für Deutsch und Geschichte an einem Gymnasium.
Beide Herausgeber sind in der regionalen und überregionalen Fortbildung tätig. Sie haben zahlreiche Bücher und Aufsätze zu den Themen «Zusammenarbeit zwischen Elternhaus und Schule» und «Lernförderung» veröffentlicht und sich intensiv mit der Lern- und Gedächtnisforschung befasst. Im Rowohlt Taschenbuch Verlag sind bereits von ihnen erschienen: «Der Elternabend» (Nr. 19182), «Schülern auf die Sprünge helfen» (Nr. 19775) und «Erfolgreich in der Schule» (Nr. 60189).

Dr. Dietrich Grude, Jahrgang 1941, ist Diplom-Mathematiker und arbeitet als Mathematiklehrer an einem Gymnasium. Er war wissenschaftlicher Assistent an der Technischen Universität Hannover. Als Fachleiter für Mathematik an einem Studienseminar bildet er Referendare aus.

Dietrich Grude

Mathematik, 8. Klasse

Gleichungen und Ungleichungen, Geradenfunktionen

rororo

Rowohlt

Die Schreibweise entspricht den Regeln
der neuen Rechtschreibung.

Originalausgabe
Lektorat Katrin Helmstedt

Veröffentlicht im Rowohlt Taschenbuch
Verlag GmbH, Reinbek bei Hamburg, August 1998

Umschlaggestaltung Susanne Müller
Illustrationen Christof Tisch
Reihentypografie Iris Farnschläder
Gedruckt auf Arctic Volume 115 g/qm
der Håfreströms AB Schweden
Gesetzt aus der Minion und Trade Gothic PostScript
auf Apple Macintosh, QuarkXPress 3.32
Gesamtherstellung Clausen & Bosse, Leck
Printed in Germany
ISBN 3 499 60391 8

Inhalt

Liebe Eltern,

können Sie inzwischen das Frühlingsgedicht genauso gut aufsagen wie Ihr Kind? Fühlen Sie sich in Ihre eigene Schulzeit zurückversetzt, weil Sie wieder über Termumformungen brüten? Oder versuchen Sie, einen französischen Text zu entschlüsseln, obwohl Sie die Sprache selbst kaum beherrschen? Möglicherweise sind Sie in heller Aufregung, denn Ihr Kind hat schon wieder eine «Klassenarbeit verhauen». Vielleicht ist sogar die «Versetzung gefährdet»?

Wie viele Nachmittage haben Sie schon mit Ihrem Kind für die Schule gepaukt, sich Aufgaben ausgedacht, nach Erklärungen gesucht und sich überlegt, ob Lösungswege richtig oder falsch sind? Aber nicht nur das zerrt an Ihren Nerven, auch die Stimmung ist mies. Wenn Sie mit Ihrem Kind gemeinsam für die Schule büffeln, ist dies sicher oft mit Auseinandersetzungen und Tränen verbunden. «Ich kapier das eh nie.» – «Ich will endlich zu meinen Freunden.» – «Mein Lehrer hat mir das aber ganz anders erklärt.» Und Sie hatten sich den Nachmittag wahrscheinlich auch schöner vorgestellt.

Selbst wenn Sie im Moment gestresst und ratlos sind: In der Regel können Kinder jeden Lernstoff begreifen. Wichtig ist, dass durch eine abwechslungsreiche Darbietung des Stoffes individuelles Lernen ermöglicht und Freude an der Auseinandersetzung mit einem Thema gefördert wird. Hier liegt eine Stärke der *klipp & klar Lerntrainer*. Ein weiterer Vorteil ist, dass Ihr Kind mit den *klipp & klar Lerntrainern* **selbständig** arbeiten kann: Der Lernstoff wird verständlich, anschaulich und in kleinen Schritten dargestellt. Lerntipps erleichtern Ihrem Kind das Verstehen, Anwenden und Behalten. Durch Probeklassenarbeiten wird geprüft, ob das Gelernte auch sicher sitzt.

Mit den *klipp & klar Lerntrainern* können nicht nur erfolgreich Probleme in bestimmten Fächern ausgeräumt werden, sie eignen sich auch hervorragend, wenn Ihr Kind sein Wissen bei einzelnen Themen aufpolieren oder sich gezielt auf eine Klassenarbeit vorbereiten möchte.

Die *klipp & klar Lerntrainer* helfen Ihnen dabei, dass die Nachmittage mit Ihrem Kind wieder entspannter verlaufen.

Walter Kowalczyk und Klaus Ottich

Liebe Lehrerin, lieber Lehrer,

in jeder Klasse begegnen Ihnen Schülerinnen und Schüler, die Probleme mit bestimmten Themen haben. Besorgte Eltern haben sich an Sie gewandt und um Rat und spezielle Lerntipps gebeten. Viele sind unsicher, wie sie ihr Kind erfolgreich unterstützen können, und fühlen sich beim Erklären schulischer Lerninhalte verständlicherweise überfordert. Das gemeinsame Üben belastet häufig die ganze Familie. Sicher gibt es auch Schülerinnen und Schüler, denen Sie gern geeignetes Übungsmaterial empfehlen würden, damit sie selbständig Schwächen abbauen und ihre Leistungen verbessern können.

Überzeugen Sie sich selbst: Mit den *klipp & klar Lerntrainern* kann jeder Schüler seine Defizite selbständig aufarbeiten:

- Der Lernstoff wird verständlich, anschaulich und in kleinen Schritten dargestellt.
- Die abwechslungsreiche Darbietung des Stoffes fördert individuelles Lernen und die Motivation, sich mit einem Thema auseinander zu setzen.
- Alle Fachbegriffe werden erläutert, sodass Verständnisprobleme gar nicht erst entstehen.
- Lerntipps erleichtern das Verstehen, Anwenden und Behalten.
- Das Üben in sinnvollen Lernetappen unterstützt den Lernerfolg.
- Eine Wiederholung sichert langfristig den Lernfortschritt.
- Durch Probeklassenarbeiten wird überprüft, ob das Gelernte auch sitzt.

Und auch Sie selbst können die *klipp & klar Lerntrainer* mit Gewinn nutzen:

- als Vorbereitung für Ihren Unterricht,
- als Differenzierungsmaterial für Ihre Klasse,
- als Lernprogramm für Ihren Förderunterricht.

Wir wünschen Ihnen viel Erfolg für Ihre Arbeit!
Walter Kowalczyk und Klaus Ottich

Liebe Schülerin, lieber Schüler,
so kannst du mit diesem Buch arbeiten:

1. Bevor du anfängst, blättere einfach mal in diesem Buch, damit du einen ersten Eindruck von seinem Inhalt und seinem Aufbau bekommst.
   Neben den mathematischen Begriffsbestimmungen enthält es:
   - durchgerechnete Beispielaufgaben mit Erklärungen,
   - Übungen zu einzelnen neuen Verfahren,
   - Übungen zu komplexeren Gebieten,
   - zwei Klassenarbeiten.

   Die Lösungswege und die Ergebnisse findest du im Lösungsteil.
2. Wähle dir ein Thema aus und beginne mit dem Erklärungsteil für die Begriffe und Verfahren.
   Es ist wichtig, dass du die Begriffe ganz genau verstehst. Wiederhole sie deshalb in eigenen Worten. Du kannst deine Begriffserklärungen auch deinen Geschwistern, Freunden oder Eltern vortragen. So prüfst du, ob andere deine Erklärungen verstehen.
3. Rechne zuerst alle Beispielaufgaben. Schreibe sie in dein Heft. Löse dann die dazugehörige Übung. Bei Schwierigkeiten helfen dir die angegebenen Lösungen weiter.
4. Vergleiche deine Rechnungen immer sofort mit den angegebenen Lösungen.
5. Der Lösungsteil ist nicht nur zur Kontrolle deiner Lösungen gedacht. Du kannst dort auch den Lösungsgang für ein schwieriges Problem in Einzelschritten verfolgen. Schreibe den Lösungsweg Schritt um Schritt in dein Heft. Gerade dieses Nachgehen und Aufschreiben eines Lösungsweges zeigt dir die Zusammenhänge des Lösungsverfahrens.
6. Arbeite jeden Tag 30 Minuten lang mit diesem Buch. Wenn es «hakt», lege erst einmal eine Pause ein.

Und nun viel Erfolg!

Terme und Termumformungen

Werden mathematische Ausdrücke so umgeformt und zusammengefasst, dass sich als Ergebnis eine Zahl ergibt, so nennt man das **Rechnen**. In diesem Kapitel lernst du, welche (Rechen-) Regeln du bei diesen Umformungen beachten musst und wie du diese Regeln geschickt anwendest.

Tipp

Das ist wie beim Schach: Die Regeln muss man kennen. Aber um zu gewinnen, muss man sie auch geschickt anwenden.

Mathematische Ausdrücke, die sich mit Rechenregeln umformen lassen, heißen **Terme**. Die einfachsten Terme sind Zahlen und Variablen für Zahlen. Kompliziertere Terme ergeben sich, wenn Zahlen oder Variablen mit Rechenzeichen und Rechenklammern verknüpft werden.

So erkennst du einen **Term**:

Tipp

Variablen sind «Platzhalter»: Sie halten einen Platz frei für eine Zahl.

Man stellt sich vor, dass für alle vorhandenen Variablen Zahlen eingesetzt werden. Dann werden die Rechenoperationen ausgeführt. Das Ergebnis **muss stets eine Zahl** sein.

Beispiel

Einfache Terme: -17; $2x$

Kompliziertere Terme: $(y-2)(12-c)$; $a[2+(a-3)]+a$

Bitte kontrolliere: Mit $a = 1$ ergibt der letzte Term die Zahl 1.

Achtung!

Dies sind Beispiele für Ausdrücke, die **keine** Terme sind:

Hinweis

Terme enthalten nie die Zeichen $<, \leq, =, \neq, \geq, >$.

$y = 2x$; $a = 2$; $12 < 14$; $(1; 2)$.

(Lies dazu die Hinweise auf Seite 75 oben.)

Die folgenden Rechengesetze und Rechenregeln brauchst du, um Terme sicher und schnell umzuformen.

Nr.	Rechengesetze und Rechenregeln	Name, Bedeutung
1	$0 + a = a; 1 \cdot a = a$	Neutrale Elemente 0 bzw. 1
2 3	$a + b = b + a$ $a \cdot b = b \cdot a; ab = ba$	Kommutativ- oder Vertauschungsgesetze
4 5	$a \cdot (b \cdot c) = (a \cdot b) \cdot c = abc$ $a + (b + c) = (a + b) + c = a + b + c$	Assoziativ- oder Anordnungsgesetze
6	$a \cdot b + c = (ab) + c = ab + c$	Punktrechnung geht vor Strichrechnung
7 8	$1(a + b) = +(a + b) = +a + b = a + b$ $(-1)(a + b) = -(a + b) = -a - b$	Regeln zum Beseitigen von Klammern
9 10 11 12 13 14	$-(-a) = +(+a) = +a = a$ $-(+a) = +(-a) = -a$ $(+a)(-b) = (-a)(+b) = -ab$ $(+a)(+b) = (-a)(-b) = ab$ $a + (-b) = a - (+b) = a - b$ $a + (+b) = a - (-b) = a + b$	Regeln für das Rechnen und Vereinfachen bei positiven und negativen Vorzeichen
15	$a(b + c) = ab + ac$	Distributiv- oder Verteilungsgesetz
16 17 18	$a \cdot \frac{1}{b} = \frac{a}{b}; \ \frac{a}{b} \cdot \frac{c}{d} = \frac{ac}{bd}; \ \frac{a}{b} : \frac{c}{d} = \frac{ad}{bc}$ $\frac{ab}{db} = \frac{a}{d}$ $\frac{a}{b} + \frac{c}{d} = \frac{ad + cb}{bd}$	Nützliche Regeln aus der Bruchrechnung (Variablenwerte in Nennern sind stets $\neq 0$.)

Alle diese Regeln und Gesetze kennst du bereits aus dem Mathematikunterricht. Mit ihnen lassen sich Termumformungen durchführen. Aber das kann ziemlich umständlich sein, wenn man keinen Plan hat, nach dem die Umformungen ablaufen sollen. Die folgende Übersicht zeigt, mit welchen Schritten du einen komplizierten Term schrittweise vereinfachst. Manchmal müssen die Umformschritte mehrfach hintereinander durchgeführt werden, bis der Term seine einfachste Form hat.

Tipp

Kopiere und vergrößere dir diese Tabelle auf DIN-A3-Format und hänge sie dir über deinen Schreibtisch an die Wand.

Umformschritte	Beispiel
Bearbeite bei mehreren gleichartigen Verknüpfungen den Ausdruck von links nach rechts.	$a + 2a + 4 - 5$ $= 3a + 4 - 5$ $= 3a - 1$
Beseitige die Klammern.	$3 - (a - 1)$ $= 3 - a + 1$
Bearbeite geschachtelte Klammerausdrücke von innen nach außen, um die Klammern zu beseitigen.	$3 + [5 + (7 + 9) + 11]$ $= 3 + [5 + (16) + 11]$ $= 3 + [5 + 16 + 11]$ $= 3 + [32] = 3 + 32 = 35$
Fasse in Summen oder Differenzen Teilterme mit gleichen Variablenkombinationen zusammen.	$2a + 3 - a + 4xy - 2yx$ $= 2a - a + 3 + 4xy - 2xy$ $= a + 3 + 2xy$

Am besten lernt man die Umformungen von Termen an Beispielen. Rechne die Beispiele auf Seite 13 – 14 Schritt für Schritt. Die Nummern der benutzten Regeln oder Gesetze sind in Klammern angegeben. So findest du in der Tabelle auf Seite 11 die zugehörige Regel oder das zugehörige Gesetz. Versuche die Begründungen für die Schritte zunächst ohne diese Hilfe zu erkennen. Bald siehst du «auf einen Blick», wie man beim Umformen vorgeht.

Vereinfachung von Termen

Beispiel

1. Beispiel

$x + 2(-1 + x) + 7$	(15) zum Auflösen der Klammer
$= x + 2(-1) + 2x + 7$	Mit (2) können die Summanden so umgeordnet werden, dass die x-Terme zusammenrücken.
$= x + 2x + 2(-1) + 7$	Die x-Terme addieren, $2(-1)$ ausrechnen
$= 3x - 2 + 7$	Jetzt kann noch $-2 + 7$ errechnet werden.
$= 3x + 5$	

2. Beispiel

$a - b + c + 4 - 3 - a$	Ohne Umformungen des Terms kann nur $4 - 3$ zusammengefasst werden.
$= a - b + c + 1 - a$	Mehrfaches Anwenden von (10) ergibt eine Summe, da als Verknüpfungszeichen nur + auftritt.
$= a + (-b) + c + 1 + (-a)$	Mit der mehrfachen Anwendung von (2) werden die a-Terme zusammengerückt.
$= a + (-a) + (-b) + c + 1$	Die a-Terme werden addiert.
$= 0 + (-b) + c + 1$	Anwenden von (1), um die 0 zu beseitigen
$= +(-b) + c + 1$	Klammer beseitigen mit (10)
$= -b + c + 1$	

3. Beispiel

$[1 - x(2 + 3) + 2x - 3xy] + (-2x)$	Berechnen der inneren Klammer
$= [1 - x(5) + 2x - 3xy] + (-2x)$	Die erste runde Klammer kann entfallen, und mit (10) wird die zweite beseitigt.
$= [1 - 5x + 2x - 3xy] - 2x$	Die x-Terme werden addiert.
$= [1 - 3x - 3xy] - 2x$	Weglassen der [ ]-Klammer
$= 1 - 3x - 3xy - 2x$	Mit mehrfachem Anwenden von (10) wird der Term als Summe geschrieben.
$= 1 + (-3x) + (-3xy) + (-2x)$	Mit (2) die x-Terme zusammenrücken
$= 1 + (-3x) + (-2x) + (-3xy)$	Die x-Terme werden addiert.
$= 1 + (-5x) + (-3xy)$	Mit zweifachem Anwenden von (10) werden die Klammern beseitigt.
$= 1 - 5x - 3xy$	

4. Beispiel

$(a+b)(c-a)$	(15) anwenden mit $(a+b)$ als Faktor
$= (a+b)c - (a+b)a$	Zweimal (3) anwenden
$= c(a+b) - a(a+b)$	Zweimal (15) anwenden
$= ca + cb - aa - ab$	Keine weitere Vereinfachung möglich

In Übung 1 trainierst du das Umformen ähnlicher Terme.

Übung 1 Vereinfache die folgenden Terme.

a) $2 + 2{,}5 - 2 + a - 2{,}5 - a$

b) $(2 + x) - (3 - 2x)$

c) $[1 - 2(3 - x) + (1 - x)]$

d) $(3 - a)(-2 + b) + ba + 6$

e) $2(a - 3) + ab - a - b + a3b - ba2$

f) $\frac{18}{6} - 4 + \frac{2a}{a} + (y - 1)(a - 1)$

g) $\frac{\frac{8}{2}}{a} - \frac{2}{a} + \frac{b}{3} \cdot \frac{3}{b}$

h) $(x - 2)(2 - x) - x^2 + 4x$

i) $3x + 3xy + 3xyz - x - yx2 - zyx$

k) $2(1 - (2 - (3 - (4 - (-5) - 4) - 3) - 2) - 1)$

l) $\frac{(2 - x) \cdot 63}{3} + \frac{7x}{6}$

Überprüfe die Übung mit Hilfe des Lösungsteils.

Tipp In einer Klassenarbeit musst du die Aufgaben innerhalb einer bestimmten Zeit bearbeiten. Es genügt also nicht, die Umformungen «im Prinzip» zu können – du musst sie auch schnell genug anwenden können. Versuche deshalb, deine Lösungsgeschwindigkeit allmählich zu steigern.

Bei Termumformungen treten häufig bestimmte Folgen von Umformungsschritten auf. Man kann diese Schrittfolgen zu den folgenden **Umformungsbausteinen** zusammenfassen.

Ordnen von Summen und Differenzen

Mit dem **Kommutativgesetz** für Summen und den **Regeln für Vorzeichenkombinationen** kann man jede Differenz als Summe schreiben und beliebig umordnen. Hier ein Beispiel.

Beispiel

$a - 3 + a - 5 + c - 2a$	Regel (10) anwenden
$= a + (-3) + a + (-5) + c + (-2a)$	(2) mehrfach anwenden
$= a + a + (-2a) + (-3) + (-5) + c$	Vereinfachung wieder mit (10)
$= a + a - 2a - 3 - 5 + c$	

Nun sind alle a-Terme zusammengerückt und können zu 0 zusammengefasst werden. Der vereinfachte Term ist dann $-8 + c$.

Hinweis

In der zweiten Zeile ist der Term als Summe geschrieben.

Dieses Vorgehen wird durch die folgende Regel beschrieben.

Werden mehrere Einzelterme addiert oder subtrahiert, so kann man sie mit ihren Vorzeichen bzw. Rechenzeichen beliebig umordnen.

Mit Variablen kann man z. B. schreiben:

Beispiel

$a - b + c - d = a + c - b - d = -b + c - d + a = -d + a - b + c = c + a - b - d = a - d - b + c \ldots$

Mit diesem Umformungsbaustein kann man also in Differenzen und Summen Terme mit der gleichen Variablenkombination zusammenrücken und dann zusammenfassen.
Vergleiche hierzu auch das letzte Beispiel in der Tabelle für die Umformschritte auf Seite 12.

Hilfe

Beseitigung von Klammern um Summen oder Differenzen

Die Regeln (7) und (8) aus der Tabelle der Rechengesetze auf Seite 11 gelten auch, wenn mehr als zwei Teilterme verknüpft werden. Dann fasst man beide Regeln zusammen:

Klammern um eine Summe oder Differenz kann man weglassen, wenn ein Pluszeichen vor der Klammer steht.
Steht ein Minuszeichen vor der Klammer, so kann man die Klammer und das Minuszeichen weglassen, wenn die Verknüpfungszeichen und das Vorzeichen des ersten Terms gewechselt werden.

Beispiel

$+(a-b+c-d)=a-b+c-d; \; -(a-b+c-d)=-a+b-c+d$

Die Binomischen Formeln

Hilfe

Das 4. Beispiel auf Seite 14 zeigt das allgemeine Vorgehen.

Werden Summen oder Differenzen multipliziert, wendet man bei den Umformungen im Allgemeinen das Distributivgesetz mehrfach an. Einige dieser Fälle werden zu den so genannten **Binomischen Formeln** zusammengefasst. Die drei Binomischen Formeln lassen sich am besten mit Variablen veranschaulichen und merken.

Für alle Zahlen a und b gilt:

1. Binomische Formel: $(a+b)(a+b)=a^2+2ab+b^2$
2. Binomische Formel: $(a-b)(a-b)=a^2-2ab+b^2$
3. Binomische Formel: $(a+b)(a-b)=a^2-b^2$

Beweisen kann man die Formeln durch die Rechengesetze. Veranschaulichen lassen sie sich geometrisch mit Rechteckinhalten.

Beispiel

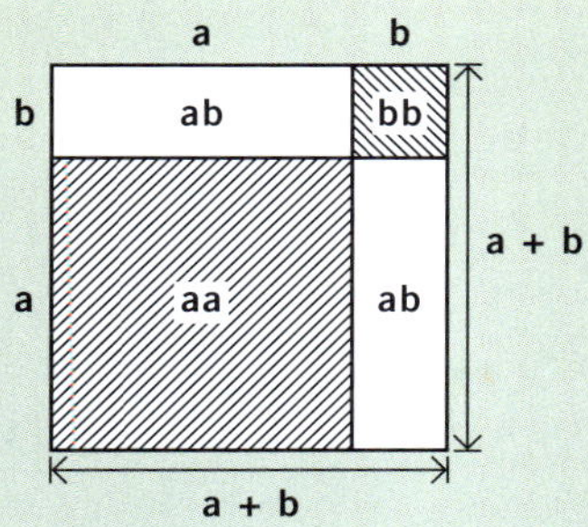

Der Inhalt des gesamten Quadrats ist $(a+b)(a+b)$. Das Quadrat kann zusammengesetzt werden aus den eingezeichneten Teilrechtecken. Dann ergibt sich die 1. Binomische Formel:

$$(a+b)(a+b)$$
$$= aa + ab + ab + bb$$
$$= a^2 + 2ab + b^2.$$

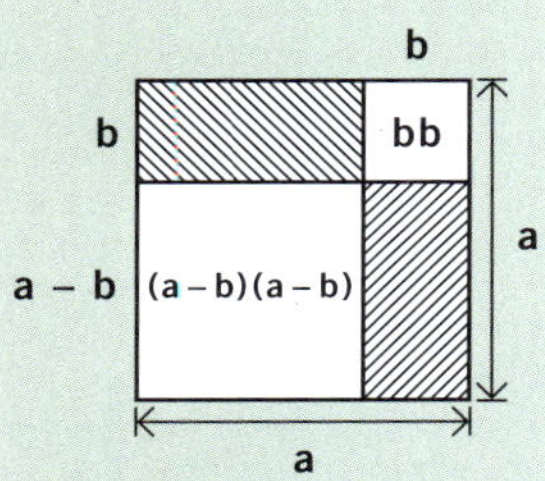

Der Inhalt des gesamten Quadrats ist $aa = a^2$. Dieses Quadrat kann aus den angegebenen Teilrechtecken zusammengesetzt werden. Dann erhält man:
$aa = (a-b)(a-b) + 2ab - bb$.
Das ergibt umgeformt:
$(a-b)(a-b) = a^2 - 2ab + b^2$.
Dies ist die 2. Binomische Formel.

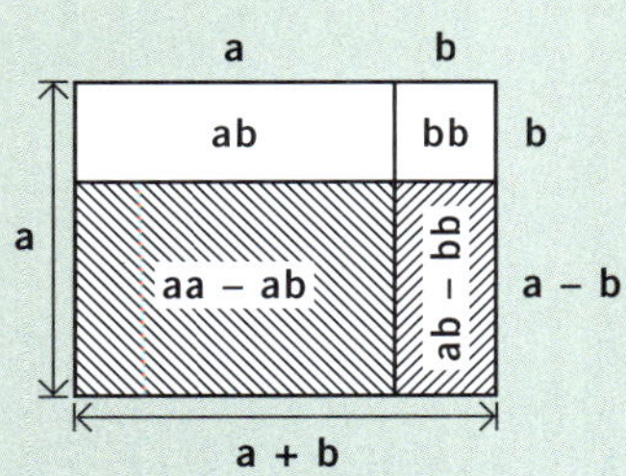

Die beiden schraffierten Rechtecke ergeben zusammen ein Rechteck mit dem Inhalt $(a+b)(a-b)$.
Damit gilt dann:

$$(a+b)(a-b)$$
$$= (aa - ab) + (ab - bb)$$
$$= aa - bb = a^2 - b^2.$$

Mit dem ersten und dem letzten Term dieser Gleichungskette ergibt sich die 3. Binomische Formel.

Ausmultiplizieren und ausklammern

Sollen Summen oder Differenzen miteinander multipliziert werden, so gelingt das durch wiederholtes Anwenden des **Distributivgesetzes**. Schneller ans Ziel kommt man aber mit zusammenfassenden Regeln. Die **Binomischen Formeln** sind Beispiele dafür. Sie gelten in Spezialfällen. Aber auch im allgemeinen Fall kann eine zusammenfassende Regel angegeben werden.

> Zwei Summen oder Differenzen werden miteinander multipliziert, indem man die Produkte addiert oder subtrahiert, die sich ergeben, wenn man **jeden Teilterm der ersten Klammer mit jedem Teilterm der zweiten Klammer multipliziert.** Dabei sind die Teilterme mit ihren jeweiligen Vor- bzw. Rechenzeichen zu nehmen.

Auch diese Regel lässt sich mit Variablen veranschaulichen.

Beispiel

$$(a + b)(-d + e - f) = -ad + ae - af - bd + be - bf$$

Die Pfeile zeigen: Die Terme auf der rechten Seite des Gleichheitszeichens ergeben sich dadurch, dass alle Terme der ersten Klammer mit allen Termen der zweiten Klammer multipliziert werden.

Beispiel

$$\begin{aligned}&(3-4)(-2-6+7)\\ &= 3(-2) + 3(-6) + 3(+7) - 4(-2) - 4(-6) - 4(+7)\\ &= -6 - 18 + 21 + 8 + 24 - 28 = 1\end{aligned}$$

In diesem Beispiel kommen in den Klammern nur Zahlen und keine Variablen vor.
Man ist hier schneller am Ziel, wenn zunächst die Werte der beiden Klammern berechnet werden.
Man erhält dann: $(3-4)(-2-6+7)=(-1)(-1)=1$.

Tipp

Bei der Multiplikation von Summen oder Differenzen gibt es zwei entgegengesetzte Umformungsrichtungen. Sind Klammerausdrücke gegeben, so kann man sie durch **Ausmultiplizieren** als Summe ohne Klammern schreiben. Ist eine Summe (oder Differenz) von mehreren **passenden** Summanden gegeben, so kann man durch **Ausklammern** die Schreibweise mit Klammern erreichen. In der folgenden Grafik wird das veranschaulicht.

Beispiel

ausklammern

$$a(b-c) \quad = \quad ab-ac$$

ausmultiplizieren

Tipp

Ausmultiplizieren beseitigt Klammern, Ausklammern schafft Klammern.

Beispiel

$(3+x)(-2)$ ergibt ausmultipliziert $-6-2x$.
$3a+5a-2a$ ergibt nach Ausklammern von a
$(3+5-2)a=6a$.

Übung 2

Forme die folgenden Terme jeweils durch Ausklammern oder Ausmultiplizieren um. Notiere, ob es sich um eine Binomische Formel handelt.

a) $(1+a+b-c)(1-a)$
b) $x^2-2xy+y^2$
c) y^2-x^2
d) $(ab)^2+2abcd+c^2d^2$

Überprüfe die Übung mit Hilfe des Lösungsteils.

Die schwierigere Umformungsrichtung ist häufig das Ausklammern, wenn es mehrfach hintereinander erfolgen muss. Deshalb werden hier noch zwei Beispiele für mehrfaches Ausklammern gegeben.

Beispiel

1. Beispiel

$ax - bx + az + ay - by - bz$	a ausklammern
$= a(x + y + z) - bx - by - bz$	$-b$ ausklammern
$= a(x + y + z) - b(x + y + z)$	$(x + y + z)$ ausklammern
$= (x + y + z)(a - b)$	

2. Beispiel

$x^2 + x + xy + y + xz + z$	x ausklammern
$= x(x + 1 + y + z) + y + z$	Das Produkt zerlegen
$= x(x + 1) + x(y + z) + y + z$	$(y + z)$ ausklammern
$= x(x + 1) + (y + z)(x + 1)$	$(x + 1)$ ausklammern
$= (x + 1)(x + y + z)$	

Das 2. Beispiel ist trickreich, und die Zusammenfassung klappt nur deshalb, weil die Terme passend vorgegeben sind. Für dich ist bei diesem Beispiel nicht das Finden des Umformungsweges wichtig, sondern das Nachvollziehen der einzelnen Umformungsschritte. Multipliziere das Endergebnis aus und zeige, dass so der Ausgangsterm wieder entsteht. Damit hast du dann die Probe für die Umformungen gemacht.

Tipp

Die Probe zum Ausklammern ist das Ausmultiplizieren.

Das Umformen von Termen wird im weiteren Aufbau der Mathematik noch oft benötigt. Durch das Üben dieser Grundtechniken gewinnst du die nötige Sicherheit und Schnelligkeit beim Umformen.

In dieser Übung sind Aufgaben zu allen besprochenen Termumformungen zusammengestellt. Versuche die folgenden vier Aufgaben in 30 Minuten zu lösen.

Übung 3

1. Welche der folgenden Ausdrücke sind Terme?
   (x, y, a, b sind Variablen für Zahlen)

a) $3 - x$ b) $xyab$ c) $2 = x - 2$ d) $(a - 1)0$

2. Vereinfache die folgenden Terme.

a) $3 - [(-3) - (3) - (-3)] - 3$
b) $-2(3 + (-2))[5 - (2 + (-3))]$
c) $-3y + 4a - y + (-4a) + y + 2y + 2ya - (a + 2ay)$

3. Wende die Binomischen Formeln an (ausmultiplizieren oder ausklammern).

a) $(3 + x)(3 - x)$ b) $9 - x^2$ c) $16 + 4a^2 + 16a$

4. Multipliziere aus und vereinfache.

a) $(1 + 2x + 3y)(-3y + 1 - 3x)$ b) $(a - 2)(2 + b)(c + 1)$

Klammere aus und vereinfache.

c) $2x + 3x - x - 5x + xy$ d) $2ax + 3a + 2bx + 3b$

Überprüfe die Übung mit Hilfe des Lösungsteils.

Aussagen, Aussageformen, Gleichungen

Sätze sind in der Mathematik von ebenso großer Bedeutung wie in der Sprache. Allerdings untersucht man in der Mathematik nur Sätze, die entweder wahr oder falsch sein können. Man nennt diese Sätze dann **Aussagen der Mathematik** oder kurz **Aussagen**. An den folgenden Beispielen erkennst du, wann du eine mathematische Aussage vor dir hast.

Beispiel

> Das Doppelte von 9 ist genauso groß wie das Dreifache von 6.

Das ist eine wahre mathematische Aussage, die du normalerweise in der folgenden Form schreiben würdest: $2 \cdot 9 = 3 \cdot 6$.

Beispiel

> 9 ist kleiner als 5.

Das ist eine mathematische Aussage, allerdings eine falsche.

Beispiel

> Eine gelbe Rose ist schöner als ein blaues Veilchen.

Dieser Satz könnte wahr sein, aber das kann bestimmt nicht mit Mathematik geklärt werden. Es ist also keine mathematische Aussage.

Eine besonders wichtige Sorte von Aussagen sind **Gleichungen**. Du hast schon viele im Mathematikunterricht kennen gelernt. Hier folgen einige Beispiele für Gleichungen.

Beispiel

> $2 = 3$ ist ein Beispiel für eine Gleichung, die eine falsche Aussage darstellt.
> $1 = 0,\overline{9}$ und $3 = 30 : 10$
> sind Beispiele für Gleichungen und wahre Aussagen.

Du hast aber auch schon Gleichungen kennen gelernt wie z. B.

Beispiel

$y = 3x$.

Hinweis

Das ist die Gleichung einer proportionalen Zuordnung. Du kennst sie aus Klasse 7.
Diese Gleichung enthält **Variablen**. Damit kann man nicht mehr sagen, dass sie wahr oder falsch ist. Gleichungen mit Variablen sind **keine Aussagen**. Setzt man aber für die Variablen Zahlen ein, so erhält man eine Aussage. Wird z. B. in die Gleichung $y = 3x$ für x die 2 und für y die 6 eingesetzt, so erhält man die wahre Aussage $6 = 3 \cdot 2$.

Beispiel

$$\begin{array}{ccccc} 6 \searrow & & & & \swarrow 2 \\ y & = & 3 & \cdot & x \\ \downarrow & & & & \downarrow \\ 6 & = & 3 & \cdot & 2 \end{array}$$

Für diesen Zusammenhang verwendet man den Begriff **Aussageform**. Die genaue Erklärung:

Wird eine mathematische Gleichung mit Variablen beim Einsetzen von Zahlen für die Variablen zu einer Aussage (also wahr oder falsch), so nennt man die Gleichung mit den Variablen eine **Aussageform.**

Beispiel

Die Aussageform $2x - 4 = 0$ wird mit $x = 2$ zur wahren Aussage $2 \cdot 2 - 4 = 0$; mit $x = 3$ aber zur falschen Aussage $2 \cdot 3 - 4 = 0$.

Bei Aussageformen kann es also vorkommen, dass sie zu wahren oder falschen Aussagen werden, je nachdem, welche Zahlen man für die Variablen einsetzt.

Zahlen, für die die Aussageform in eine wahre Aussage übergeht, heißen **Lösungen**. Die Menge aller Lösungen heißt **Lösungsmenge.**

Im Weiteren werden Methoden besprochen, wie man Lösungen sicher findet. Zunächst geht es um Aussageformen, die eine einzige Variable enthalten. Diese wird häufig mit x bezeichnet.
In der folgenden Übersicht sind alle neuen Begriffe mit jeweils einem Beispiel zusammengefasst.

Gleichungen mit Variablen sind Aussageformen.	⟷	Dies ist eine Aussageform mit einer Variablen: $2x = 4x - 7$
Durch Einsetzen von Zahlen für die Variable erhält man Gleichungen ohne Variablen. Das sind Aussagen, die entweder wahr oder falsch sein können.	⟷	Wird für x die Zahl 4 eingesetzt, ergibt sich eine falsche Aussage: $2 \cdot 4 = 4 \cdot 4 - 7$
Lösungen von Gleichungen sind Zahlen, die – nach dem Einsetzen für die Variablen – zu wahren Aussagen führen.	⟷	3,5 ist eine Lösung der Gleichung, denn es ergibt sich eine wahre Aussage: $2 \cdot 3{,}5 = 4 \cdot 3{,}5 - 7$
Die Menge aller Lösungen ist die Lösungsmenge.	⟷	Es gibt keine weiteren Lösungen (was du aber im Augenblick noch nicht überprüfen kannst). Deshalb ist die Lösungsmenge $L = \{3{,}5\}$.

Mit der Übung 4 überprüfst du, wie sicher du die neuen Begriffe schon beherrschst.

Welche der vorgeschlagenen Antwortmöglichkeiten sind richtig? Es können mehrere sein. Unterstreiche sie.

Übung 4

a) $3 = 4 - 2$ ist eine …
[Aussage, wahre Aussage, Gleichung, Lösung, Aussageform]

b) $x = 3$ ist eine Lösung von …
[$x = 2x + (-3)$, $x = 3$, $y = x$, $x + x + x = 3$]

c) Was ist $3x = +$?
[Eine Gleichung, eine Aussageform, eine falsche Gleichung, Unsinn]

d) Die Gleichung $x \cdot x = 4$ hat als Lösungen …
[2, −2, 0, es gibt keine Lösungen]

e) $3 : 0 = x$ hat als Lösungen …
[0, 1, 3, es ist gar keine sinnvolle Gleichung gegeben]

Überprüfe die Übung mit Hilfe des Lösungsteils.

In der Übung 4 hast du mehrfach überprüft, ob eine gegebene Zahl Lösung einer Gleichung ist. Dazu wird an die Stelle der Variablen die Zahl gesetzt, und beide Seiten der Gleichung werden ausgerechnet. Dann wird überprüft, ob sich eine wahre Aussage ergibt. Für dieses Vorgehen gibt es einen Fachausdruck: Man macht die **Probe**.

Hinweis

«Eine Probe machen» ist immer sinnvoll in der Mathematik. Dazu muss aber stets ein Lösungsvorschlag vorhanden sein.

Wie kommt man aber darauf, dass 3,5 eine Lösung der Gleichung $2x = 4x - 7$ ist? Man könnte es mit Probieren versuchen. Nacheinander werden viele Zahlen für x eingesetzt, bis man schließlich eine Gleichung erhält, die wahr ist. Das ist aber sehr umständlich und unsicher, denn man kann nie sicher sein, dass überhaupt Lösungen oder sogar alle Lösungen gefunden werden.

Man braucht etwas anderes zum Lösen von Gleichungen, nämlich ein **Lösungsverfahren**. Das ist eine Vorschrift, die eindeutig angibt (wie ein Kochrezept beim Kochen), welche Schritte zu unternehmen sind, um auf sichere Weise alle Lösungen einer Gleichung zu bestimmen. Ein solches Lösungsverfahren soll jetzt entwickelt werden.

Zur Verdeutlichung:

Aufgabe

Versuche doch einmal, für $5x + x = 7 + x$ durch Probieren Lösungen zu finden. Dies fällt dir jetzt vielleicht noch schwer. Bald wirst du solche Gleichungen aber mit Leichtigkeit lösen können.

Lösung

Die Zahl lautet 1,4.

Äquivalenzumformungen

Äquivalenzumformungen für Gleichungen

Für komplizierte Gleichungen mit Variablen (also Aussageformen) gibt es ein Lösungsverfahren, mit dem man «rein mechanisch» die Lösungen findet. Ein solches Verfahren hat den Vorteil, dass man es wie ein Rezept Schritt für Schritt anwendet. Der wichtigste Bestandteil dieses Lösungsverfahrens sind **Äquivalenzumformungen**.
Am Beispiel der Aufgabe von Seite 26 wird nun erklärt, wie man zu den Äquivalenzumformungen kommt.

Beispiel

$5x + x = 7 + x$ $\Updownarrow$	Ob eine gegebene Zahl eine Lösung der Gleichung ist, erkennt man, wenn man die **Probe** macht: Die Zahl wird überall für x eingesetzt. Dann muss sich eine wahre Aussage ergeben. Auf der linken und rechten Seite der Gleichung ergibt sich also nach Ausrechnung dieselbe Zahl. Die Gleichung ist aber so kompliziert, dass man eine solche Zahl zum Ausprobieren nicht sofort erkennt. Deshalb versucht man, die **Gleichung einfacher zu machen, ohne dabei aber die Lösung zu ändern.** Die Gleichung wird einfacher, wenn man auf **beiden** Seiten der Gleichung x subtrahiert und
$5x = 7$ $\Updownarrow$	vereinfacht: $5x + x - \mathbf{x} = 7 + x - \mathbf{x}$ ergibt $5x = 7$. Die beiden Gleichungen $5x + x = 7 + x$ und $5x = 7$ haben dieselbe Lösung. Würde man nämlich für x in der ersten Gleichung eine Lösungszahl einsetzen, so ergäbe sich auf beiden Seiten dieselbe Zahl. Setzt man dann diese Lösungszahl in die zweite Gleichung ein, so werden beide Seiten jeweils um dieselbe Zahl x vermindert. Sie bleiben also gleich. Deshalb ist die Zahl auch eine Lösung für die zweite Gleichung. Die Gleichung kann aber noch weiter vereinfacht werden, wenn man **beide** Seiten der letzten Gleichung durch 5 teilt und vereinfacht:
$x = \frac{7}{5}$	$\frac{5 \cdot x}{5} = \frac{7}{5}$ ergibt $x = \frac{7}{5}$. Auch bei dieser Umformung kann sich die Lösung nicht geändert haben, denn es werden **beide** Seiten der Gleichung durch 5 geteilt, die Gleichheit beider Seiten bleibt bestehen. Nun ist die gegebene Gleichung ohne Lösungsänderungen so einfach geworden, dass die Lösung direkt abgelesen werden kann: $x = \frac{7}{5}$.

Solche Umformungen nennt man **Äquivalenzumformungen**

Umformungen von Gleichungen, die die Lösungsmenge nicht ändern, heißen **Äquivalenzumformungen.**
Gleichungen mit gleicher Lösungsmenge heißen äquivalent.
Zwischen zwei äquivalenten Gleichungen schreibt man als Zeichen $\Leftrightarrow$.

Häufig schreibt man bei Äquivalenzumformungen noch die Art der Umformung, die auf beiden Seiten vorgenommen werden soll (den Arbeitsauftrag), hinter die Gleichung. Damit kann das obige Beispiel nun in der mathematischen Fachsprache so geschrieben werden:

Beispiel

$$5x + x = 7 + x \quad | -x$$
$$\Leftrightarrow 5x = 7 \quad | :5$$
$$\Leftrightarrow x = \frac{7}{5}$$

Hinweis

Das Zeichen $\Leftrightarrow$ steht zwischen Gleichungen. Das Zeichen = steht zwischen Termen.

Ähnlich wie im Beispiel kann man noch eine Reihe weiterer Äquivalenzumformungen für Gleichungen finden. Das Prinzip aller Äquivalenzumformungen kann man anschaulich so formulieren: **Die Umformung darf die Gleichheit (oder das Gleichgewicht) beider Seiten nicht verändern.**
In der folgenden Liste von Äquivalenzumformungen findest du auch jeweils ein Beispiel.

Zusammenstellung von Äquivalenzumformungen

Die **Addition** und die **Subtraktion** eines Terms auf beiden Seiten der Gleichung sind Äquivalenzumformungen.	$7x - 10 = 2x - 14 \quad \vert + 10$ $\Leftrightarrow 7x = 2x - 4$ $3x + 5 = 2x \quad \vert - 2x$ $\Leftrightarrow x + 5 = 0$
Die **Multiplikation** jeder Gleichungsseite mit demselben Term und die **Division** jeder Gleichungsseite durch denselben Term sind Äquivalenzumformungen. Der Term muss in beiden Fällen $\neq 0$ sein, denn durch 0 kann man nicht teilen, und Multiplikation mit 0 macht aus **jeder** Gleichung die wahre Aussage $0 = 0$.	$2(x + 5) = 4x \quad \vert \cdot \frac{1}{2}$ $\Leftrightarrow x + 5 = 2x$ Für $x \neq 0$ gilt: $x \cdot x = 2x \quad \vert : x$ $\Leftrightarrow x = 2$
Die **identische Umformung** einer Gleichungsseite ist eine Äquivalenzumformung. Durch Rechengesetze oder Rechenregeln wird der Term nur in eine andere Form gebracht. Auf Seite 11 werden solche Umformungen angegeben.	$2(x + 5) = 4x$ $\Leftrightarrow 2x + 10 = 4x$ Hier ist auf der linken Seite das Distributivgesetz angewandt worden.

Übung 5 Löse die folgenden Gleichungen mit den Äquivalenzumformungen der oben stehenden Tabelle, und mache jeweils die Probe.

Überprüfe die Übung mit Hilfe des Lösungsteils.

a) $3x - x = 3 - x$ b) $0{,}3x + 1{,}2 = -0{,}7x + 1$
c) $(x - 1)(2 + x) = x^2$ d) $4(2x + 3) = 24x + 4$

Definitions- und Lösungsmengen von Gleichungen

Für die Variablen einer Gleichung kann man Zahlen einsetzen. Diese Zahlen werden aus einer Zahlenmenge gewählt. Solche Zahlenmengen sind z. B. die Menge der natürlichen Zahlen $\mathbb{N}$ oder die Menge der rationalen Zahlen $\mathbb{Q}$. Zur vollständigen Festlegung einer Gleichung gehört stets auch die Angabe, welche Zahlen für die Variable eingesetzt werden dürfen.

Diese Menge zulässiger Zahlen heißt **Definitionsmenge** der Gleichung. Als Abkürzung wird dafür **D** geschrieben. Alle Lösungen einer Gleichung sind also Zahlen aus dieser Definitionsmenge. **Die Lösungsmenge L ist stets eine Untermenge der Definitionsmenge.**

Hinweis

Statt «Untermenge» kannst du auch «Teilmenge» sagen.

Aus diesem Grund muss am Ende des Lösungsverfahrens geprüft werden, ob ein gefundener x-Wert auch aus dieser Definitionsmenge stammt.

Beispiel

$x + 2 = 4x$ mit $D = \mathbb{N}$ (Menge der natürlichen Zahlen).

Es gilt $x + 2 = 4x \quad | -x$

$\Leftrightarrow 2 = 3x \quad | :3$

$\Leftrightarrow \frac{2}{3} = x.$

Da $\frac{2}{3}$ nicht zur Definitionsmenge gehört, hat die gegebene Gleichung keine Lösung, die Lösungsmenge ist leer. Man schreibt dafür $L = \{\ \}$.
Wäre hier $D = \mathbb{Q}$, die Menge der rationalen Zahlen, so hätte die Gleichung die Lösung $\frac{2}{3}$. Die Lösungsmenge wäre dann also $L = \{\frac{2}{3}\}$.

Es kann auch vorkommen, dass alle Zahlen aus D Lösungen sind. Solche Gleichungen heißen **allgemein gültig** ($L = D$).

Beispiel

$$2x + 2 = x + 1 + x + 1 \text{ mit } D = \mathbb{Q}$$
$$\Leftrightarrow 2x + 2 = 2x + 2$$
$$\Leftrightarrow x = x$$

Diese Gleichung ist für alle rationalen Zahlen wahr.

Bei den Gleichungen, die wir hier betrachten, können die folgenden Lösungsfälle auftreten:

- Die Gleichung hat **genau eine** Lösung (z. B. $L = \{\frac{2}{3}\}$).
- Die Gleichung hat **keine** Lösung ($L = \{\ \}$).
- Die Gleichung ist **allgemein gültig** ($L = D$).

Zielgerichtetes Lösen von Gleichungen

Bisher hast du schon viele mögliche Schritte zum Lösen von Gleichungen kennen gelernt. Es ist aber nicht immer leicht zu erkennen, in welcher Reihenfolge diese Schritte erfolgen sollen Häufig kann man Gleichungen nach dem folgenden Verfahren zielgerichtet lösen.

1. Auf jeder Gleichungsseite werden mit identischen Umformungen Terme umgeordnet, Klammern ausmultipliziert und Terme zusammengefasst.
2. Haben die Seiten die Form von Summen, so werden Terme, die x als Faktor haben, mit Äquivalenzumformungen auf eine Seite und die restlichen Terme auf die andere Seite gebracht.
3. Durch Ausklammern von x und Dividieren kann schließlich erreicht werden, dass x allein auf einer Seite und eine Zahl auf der anderen Seite steht. **Die Gleichung ist nach x aufgelöst worden.**

Beispiel

	Kommentar
$3x - 7 + x - 3 = -x - 4 + 5 + 6x,$ $x \in \mathbb{Q}$	Definitionsmenge ist $\mathbb{Q}$ (x ist Element aus $\mathbb{Q}$)
$\Leftrightarrow 4x - 10 = 5x + 1$	1. Umformungsschritt Identische Umformungen beider Seiten.
$\Leftrightarrow 4x - 10 = 5x + 1 \quad \mid +10$ $\Leftrightarrow 4x = 5x + 11 \quad \mid -5x$	2. Umformungsschritt (Terme umordnen, x-Terme nach links) Addition von 10 auf beiden Seiten. Subtraktion von 5x auf beiden Seiten.
$\Leftrightarrow 4x - 5x = 11$ $\Leftrightarrow (4 - 5)x = 11 \quad \mid :(-1)$ $\Leftrightarrow x = -11$	3. Umformungsschritt (Ziel: x steht allein auf einer Seite) Ausklammern von x Dividieren durch (−1), da $4 - 5 = -1$ gilt.
$L = \{-11\}$	(−11) ist aus der Definitionsmenge.

Gleichung ohne Lösung in $D = \mathbb{N}$

Beispiel

	Kommentar
$(x - 2)(x - 1) = -x + x^2 + 3x - 1,$ $x \in \mathbb{N}$	Definitionsmenge ist $\mathbb{N}$
$\Leftrightarrow x^2 - 2x - x + 2 = x^2 + 2x - 1$	1. Umformungsschritt Links ausmultipliziert, rechts zusammengefasst und umgeordnet.
$\Leftrightarrow x^2 - 2x - x + 2 = x^2 + 2x - 1 \quad \mid -x^2$ $\Leftrightarrow -2x - x + 2 = 2x - 1$ $\Leftrightarrow -3x + 2 = 2x - 1 \quad \mid -2x - 2$	2. Umformungsschritt x^2 verschwindet auf beiden Seiten. Links Terme zusammenfassen Terme umordnen, x-Terme nach links
$\Leftrightarrow -5x = -3 \quad \mid :(-5)$ $\Leftrightarrow x = \frac{3}{5}$	3. Umformungsschritt Beide Seiten durch −5 dividiert.
$L = \{\,\}$	Die Lösungsmenge ist leer, da $\frac{3}{5}$ keine natürliche Zahl ist.

Beispiel Gleichung ohne Lösung in jeder Definitionsmenge

	Kommentar
$4x-3(2+x)=5{,}5+x, x \in \mathbb{Q}$	Links ausmultiplizieren
$\Leftrightarrow 4x-6-3x=5{,}5+x$	Links zusammenfassen
$\Leftrightarrow x-6=5{,}5+x \quad \mid -x$	Subtraktion von x
$\Leftrightarrow -6=5{,}5$	Diese Aussage ist immer falsch; durch keinen Wert für x kann sie wahr werden.
$L=\{\ \}$	Also gibt es keine Lösung: $L=\{\}$.

Beispiel Division durch einen Term, der 0 sein könnte

	Kommentar
$4x-3=-3+3x, x \in \mathbb{Q}$	
$\Leftrightarrow 4x-3=-3+3x \quad \mid +3$	Addition von 3
$\Leftrightarrow 4x=3x \mid :x \ (x \neq 0!)$	Division durch x ist nur für $x \neq 0$ möglich.
$\Leftrightarrow 4=3$ falsch, also $L=\{\ \}$, solange $x \neq 0$ vorausgesetzt ist. $L=\{0\}$, nach Probe mit $x=0$.	Mit $x=0$ muss deshalb gesondert eine Probe gemacht werden. Die ergibt aber, dass 0 eine Lösung ist.

Übung 6 Löse die folgenden Gleichungen nach der Lösungsstrategie aus den vorangegangenen Beispielen. Achte dabei auf die korrekte Schreibweise des Lösungsverfahrens, und mache eine Probe.

Hinweis Manchmal wird in Büchern bei Äquivalenzumformungen das Zeichen $\Leftrightarrow$ weggelassen. Dafür wird dann darauf geachtet, dass die Gleichheitszeichen direkt untereinander stehen. Diese Schreibweise ist aber nicht deutlich genug.

a) $2x-2-3x-3=4x+4, x \in \mathbb{Q}$
b) $2+0{,}2x+8{,}8x=9x-3, x \in \mathbb{Q}$
c) $(2-x)3=4(2x-5)+x-2, x \in \mathbb{N}$
d) $x(x-2)-2x-x^2=4{,}5-3x, x \in \mathbb{Q}$

Überprüfe die Übung mit Hilfe des Lösungsteils.

Bruchgleichungen

Tritt die Variable in einer Gleichung auch im Nenner von Brüchen auf, so spricht man von Bruchgleichungen. Hier ist besonders auf **Einschränkungen im Definitionsbereich** zu achten. An einem Beispiel wird das erklärt.

Beispiel

Gegeben ist die Gleichung $\frac{3 + x}{x - 1} = \frac{2}{x + 1}$.

Soll nun als Definitionsmenge $\mathbb{Q}$ gewählt werden, so erkennt man, dass das nicht geht. Setzt man nämlich im Nenner auf der linken Seite $x = 1$ ein, so ergibt sich 0. Durch 0 kann man nicht teilen, also darf 1 nicht zur Definitionsmenge gehören. Ebenso erkennt man am Nenner auf der rechten Seite, dass -1 nicht zur Definitionsmenge gehören kann. Damit müssen diese beiden Zahlen aus der Menge D entfernt werden, und es kann als Definitionsmenge gewählt werden: $D = \mathbb{Q} \setminus \{1; -1\}$ (das ist die Menge der rationalen Zahlen $\mathbb{Q}$ ohne die beiden Zahlen 1 und -1). Allgemein kann man in folgender Weise erkennen, welche Zahlen bei Bruchgleichungen auf keinen Fall zur Definitionsmenge gehören:

Enthält ein Nenner-Term die Variable x, so wird errechnet, für welche x-Werte der Term null ist. Man nennt diese Werte **Nullstellen des Nenners.** Diese Untersuchung muss für alle Nenner in der Gleichung durchgeführt werden. **Nullstellen von Nennern müssen aus einer Definitionsmenge ausgeschlossen werden.**

Die Lösungsverfahren sind bei Bruchgleichungen dieselben wie bei den allgemeinen Gleichungen. Die ersten Schritte nach Bestimmung der Definitionsmenge bestehen aber darin, **die Nenner, die x enthalten, zu beseitigen.** Dazu werden beide Gleichungsseiten mit diesen Nenner-Termen multipliziert.

Beispiel

	Kommentar
$\frac{3+x}{x-1} = 2, D = \mathbb{Q} \setminus \{1\}$	1 ist Lösung von $x - 1 = 0$, also ist $1 \notin D$.
$\frac{3+x}{x-1} = 2 \quad \vert \cdot (x-1)$ $\Leftrightarrow \frac{(3+x)(x-1)}{x-1} = 2(x-1)$ $\Leftrightarrow \frac{(3+x)}{1} = 2(x-1)$	Auf beiden Seiten mit $(x - 1)$ multiplizieren, was ja sicher $\neq 0$ ist. Nun kann man links mit dem Nenner kürzen – er ist damit beseitigt.
$\Leftrightarrow 3 + x = 2x - 2$ $\Leftrightarrow 5 + x = 2x$ $\Leftrightarrow 5 = x$	Nach dem Beseitigen des Nenners verläuft das Verfahren wie in den vorausgegangenen Beispielen.
$L = \{5\}$	

Beispiel

	Kommentar
$\frac{x-2}{x-2} + 3 = \frac{4}{2x+2} - 4$ $D = \mathbb{Q} \setminus \{2; -1\}$	**Die Bestimmung von D** Es werden die Nenner-Nullstellen errechnet: $x - 2 = 0 \Leftrightarrow x = 2$ und $2x + 2 = 0 \Leftrightarrow x = -1$. Also werden 2 und –1 aus D ausgeschlossen.
$\Leftrightarrow \frac{x-2}{x-2} + 3 = \frac{4}{2x+2} - 4$ $\Leftrightarrow \frac{1}{1} + 3 = \frac{4}{2x+2} - 4$ $\Leftrightarrow 8 = \frac{4}{2x+2}$	**Beseitigung der Nenner** Vereinfachungen der Gleichung kürzen hier das Lösungsverfahren stark ab. Links kann sofort mit $x - 2$ gekürzt werden. Nun wird auf beiden Seiten 4 addiert, und links wird vereinfacht. Dann wird mit dem Nenner auf beiden Seiten multipliziert.
$\Leftrightarrow 8(2x+2) = \frac{4}{2x+2}(2x+2)$ $\Leftrightarrow 8(2x+2) = 4$ $\Leftrightarrow 16x + 16 = 4$	Nach dem Beseitigen des Nenners durch Kürzen mit $(2x + 2)$ auf der rechten Seite verläuft das Verfahren wie in den vorausgegangenen Beispielen.

$\Leftrightarrow\ 16x = -12$

$\Leftrightarrow\ x = -\frac{12}{16}$

$L = \{-\frac{3}{4}\}$

Tipp

Beachte in Übung 7 die folgende Reihenfolge der Lösungsschritte:

- Bestimme die Definitionsmenge.
- Vereinfache die Gleichungsseiten, falls das möglich ist.
- Multipliziere beide Seiten mit dem Nenner.
- Beseitige durch Kürzen den Nenner.

Übung 7

Bestimme eine möglichst große Definitionsmenge und löse die Gleichung. Mache dann die Probe.

a) $+4 = \frac{5}{x-6}$ b) $\frac{3x}{2(x+5)} = 1 + 2{,}5 - \frac{7}{2}$

Überprüfe die Übung mit Hilfe des Lösungsteils.

Ungleichungen

Aus Gleichungen entstehen **Ungleichungen**, wenn man das Gleichheitszeichen durch eines der folgenden Zeichen ersetzt:
$<$ für «kleiner», $>$ für «größer»,
$\leq$ für «kleiner oder gleich», $\geq$ für «größer oder gleich».

Beispiel

Aus $-3x - 2 = x$ wird mit ‹<› für ‹=› die Ungleichung $-3x - 2 < x$.

Soll die Lösungsmenge einer Ungleichung bestimmt werden, so wendet man dieselbe Technik an wie bei den Gleichungen: Die Ungleichung wird schrittweise vereinfacht, ohne die Lösungsmenge zu verändern.

Solche Umformungen heißen auch bei Ungleichungen **Äquivalenzumformungen**. Man kann weitgehend dieselben Äquivalenzumformungen wie bei den Gleichungen benutzen. Nur bei Multiplikation und Division auf beiden Seiten gibt es Änderungen.
Das kannst du dir an der Zahlengeraden verdeutlichen: Es gilt $2 < 5$. Die 2 liegt auf der Zahlengeraden links von 5, ist also kleiner. Wird nun auf beiden Seiten der Ungleichung mit (-1) multipliziert, so bedeutet das eine Spiegelung beider Zahlen an Null, die -2 liegt rechts von -5, ist also größer als -5.
Das Ungleichheitszeichen dreht sich um.

Beispiel

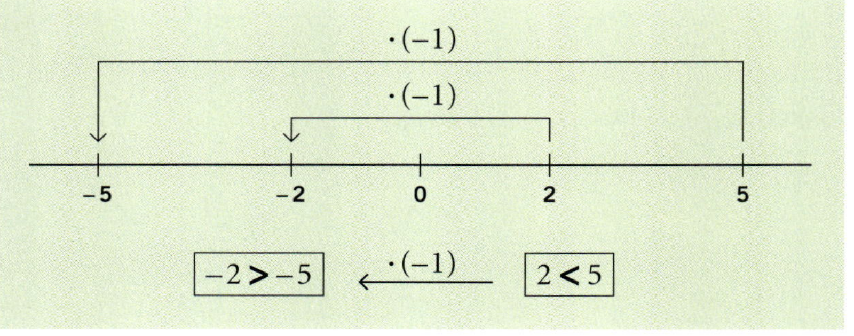

Das Umdrehen des Ungleichheitszeichens bei Multiplikation und Division mit negativen Termen ist also zu beachten. Es erfolgt nicht nur bei $<$, sondern auch bei den anderen Ungleichheitszeichen ($<$ wird mit $>$ gewechselt und $\le$ mit $\ge$). Damit ergeben sich die folgenden Äquivalenzumformungen für Ungleichungen:

- Identische Umformungen einer Seite.
- Addition oder Subtraktion eines Terms auf beiden Seiten.
- Multiplikation mit einem Term ($\neq 0$) auf beiden Seiten. Ist der Term negativ, so wird das Ungleichheitszeichen umgedreht.
- Division durch einen Term ($\neq 0$) auf beiden Seiten. Ist der Term negativ, so wird das Ungleichheitszeichen umgedreht.

Die Lösungsmengen bei Gleichungen enthalten häufig genau eine Zahl. Bei Ungleichungen enthalten die Lösungsmengen häufig **Zahlenintervalle**.

Beispiel

$-3x - 2 < x, x \in \mathbb{Q}$

$\Leftrightarrow -3x - 2 < x \quad | -x$

$\Leftrightarrow -4x - 2 < 0 \quad | +2$

$\Leftrightarrow -4x < 2 \quad | : (-4)$

$\Leftrightarrow x > -\frac{1}{2}$

$L = \{x | x > -\frac{1}{2}\}$

So liest du die Mengendarstellungen auf der rechten Seite der letzten Gleichung:

{ x	|	x	>	$-\frac{1}{2}$}
Die Menge aller x	mit	x ist größer als		$-\frac{1}{2}$.

Man kann natürlich nicht mit allen Lösungszahlen die Probe machen, aber es ist sinnvoll, einige Zahlen aus L zu probieren. Hier z. B. 0, 10, –1. Bei –1 muss sich dann eine falsche Aussage und bei den beiden anderen Zahlen eine wahre Aussage ergeben.

Übung 8

Löse die folgenden Ungleichungen.

a) $3x - 2(x + 1) < 2x + 5, D = \mathbb{N}$
b) $2 - 4x > (2x - 3)2, D = \mathbb{Q}$
c) $-3(x + 2) < -12x, D = \mathbb{N}$

Überprüfe die Übung mit Hilfe des Lösungsteils.

Bearbeite nun die Klassenarbeit Nr. 1. Du findest sie auf den Seiten 71–72. Lies zuvor die Seiten 69–70 genau durch.

Zuordnungen und Funktionen

Zuordnungen

In Klasse 7 hast du proportionale Zuordnungen kennen gelernt. Nun soll der Begriff der Zuordnung mathematisch genau gefasst werden. Wir definieren spezielle Zuordnungstypen – die Funktionen –, die in der Mathematik eine wichtige Rolle spielen.
Für eine Zuordnung müssen zwei Mengen gegeben sein. Die erste Menge ist die **Definitionsmenge D**. Als Variable für Elemente aus D wird häufig x verwendet. Die zweite Menge ist die **Wertemenge (oder Bildmenge) W**. Für Elemente aus W wird häufig y als Variablenbezeichnung gewählt.
Es muss angegeben werden, welche Werte aus W den Werten aus D zugeordnet sind. Das kann auf viele Weisen geschehen. Eine Standardmethode dafür ist die Benutzung von **geordneten Paaren (x;y)**. In dem geordneten Paar ist stets das erste Element eine Zahl aus D, während das zweite aus W ist. Das Paar gibt an, dass $x \in D$ ein Element $y \in W$ **zugeordnet** ist.

Eine **Zuordnung ist eine Menge von geordneten Paaren (x;y)**, wobei für jedes $x \in D$ (Definitionsmenge D) angegeben wird, welche $y \in W$ (Wertemenge W) diesem x zugeordnet sind.

An einem Beispiel sollen nun neben dieser mathematischen Standardmethode in Mengenschreibweise auch andere Darstellungsmöglichkeiten für Zuordnungen wiederholt werden, die du schon in der 7. Klasse kennen gelernt hast.

a) **Umgangssprachliche Formulierung der Zuordnung**

Beispiel

Jeder rationalen Zahl wird das Doppelte der Zahl zugeordnet.

b) **Zuordnung in Mengenschreibweise**

Beispiel

$f = \{(x;y) \mid x \in \mathbb{Q} \text{ und } y = 2x\}$

Hinweis

Sprechweise: Die Zuordnung f ist die Menge aller geordneten Paare von x und y, wobei x aus $\mathbb{Q}$ ist und $y = 2x$ gilt.
Die wichtigste Angabe über die Art der Zuordnung ist $y = 2x$.

c) **Direkte Angabe einiger Zahlenpaare der Zuordnung**

Beispiel

$f = \{\ldots (-3;-6), (-2;-4), (-1;-2), (0;0), (1;2), (2;4), \ldots\}$

Hier muss man selber schließen, wie die Auflistung weitergeht, da man ja nicht alle Paare angeben kann.

d) **Angabe einer Zuordnungstabelle** (für einige x-Werte)

Beispiel

x	y
…	…
−4	−8
−3	−6
−2	−4
−1	−2
0	0
1	2
2	4
…	…

Wie man sieht, enthält jede Zeile der Tabelle gerade ein Zuordnungspaar.

e) **Angabe mit dem Zuordnungspfeil**

Beispiel

$f: x \to y$ mit $x \in \mathbb{Q}$ und $y = 2x$ oder $f: x \to 2x, x \in \mathbb{Q}$

Diese Schreibweisen werden wir im Allgemeinen wählen, wenn sie möglich sind, d. h., wenn es für die Werte y aus W einen Rechenterm in Abhängigkeit von x gibt. Hier gilt ja $y = 2x$.

f) **Veranschaulichung der Zuordnung durch den Graphen der Zuordnung**

Geht man von der Darstellung einer Zuordnung als einer Menge von geordneten Paaren aus, wird der Zusammenhang mit dem Graphen der Zuordnung sehr einfach: Man fasst die **Zahlenpaare** der Zuordnung als **Koordinatenpaare von Punkten** in einem Koordinatensystem auf. **Der Graph ist die Menge dieser Punkte.** Die Zeichnung des Graphen ist ein gutes Hilfsmittel zur Veranschaulichung einer Zuordnung.

Beispiel

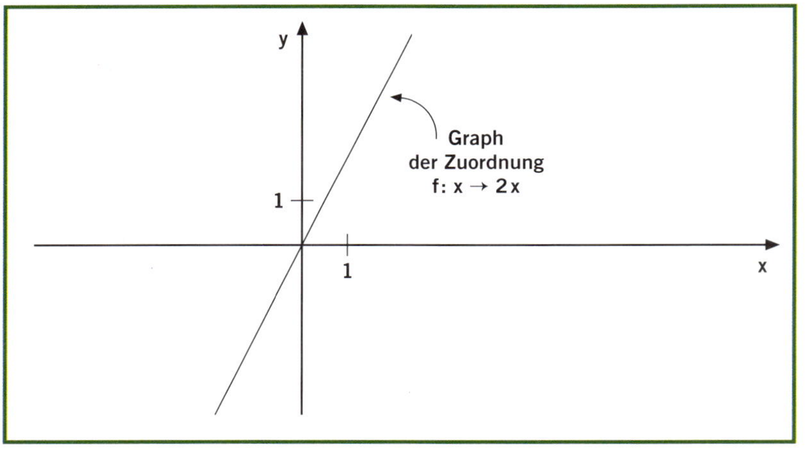

Hinweis

Man sagt, dass dies der Graph ist. Eigentlich wird hier aber nur ein winziger Ausschnitt abgebildet.

Hier ein weiteres Beispiel für eine Zuordnung.
Gegeben ist $D = \{1, 2, 3, 4, 5, 6, 7, 8\}$. Der Graph der Zuordnung hat das folgende Aussehen:

Beispiel

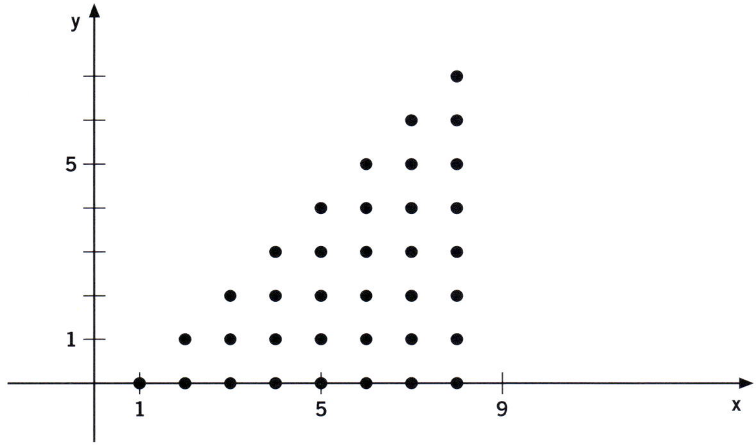

Aus dem Graphen kann man die Zuordnungspaare der Zuordnung erkennen. Man erhält für die einzelnen x-Werte die folgenden Zuordnungspaare.

Für x = 1: (1;0)
Für x = 2: (2;0), (2;1)
Für x = 3: (3;0), (3;1), (3;2)
Für x = 4: (4;0), (4;1), (4;2), 4;3)
(usw.)
Für x = 8: (8;0), (8;1), (8;2), (8;3), (8;4), (8;5), (8;6), (8;7)

Bei dieser Zuordnung wird also nicht immer einem x-Wert eindeutig ein y-Wert zugeordnet, sondern den einzelnen x-Werten werden verschieden viele y-Werte zugeordnet. Die Zuordnung ist **nicht eindeutig.** Bei einer solchen Zuordnung kann man keine Gleichung y = f (x) angeben, aus der man zu jedem x den dazugehörenden y-Wert ausrechnen kann. Deshalb muss man hier die Zuordnung anders angeben. Das kann z. B. durch Angabe einzelner Zuordnungspaare geschehen:

{(1;0), (2;0), (2;1), (3;0), (3;1), (3;2), …, (8;0), (8;1), (8;2), (8;3), (8;4), (8;5), (8;6), (8;7)}.

Ein Zuordnungsgraph ist aber oft anschaulicher (siehe oben).

Funktionen

Zuordnungen werden einfacher, wenn jedem x aus D nur ein y-Wert aus W zugeordnet wird. Diese Zuordnungen heißen **Funktionen**. Im Mathematikunterricht sind diese besonderen Zuordnungen von großer Bedeutung.
Bei Funktionen wird also den x-Werten **eindeutig** ein y-Wert zugeordnet, und häufig kann man den y-Wert mit Hilfe einer Funktionsgleichung $y = f(x)$ aus dem gegebenen x-Wert errechnen.

Tipp
Diese Vokabeln aus der Fachsprache brauchst du, um dich in der Mathematik genau und einfach auszudrücken.

Funktionen sind eindeutige Zuordnungen, d. h., jedem $x \in D$ wird genau ein $y \in W$ zugeordnet.

Funktionen schreiben wir in der Form $f: x \to f(x), x \in D$.
Sprechweise:
«Die Funktion f mit ‹x wird f(x) zugeordnet›, x aus D.»
Dabei gilt:
- f ist der **Name der Funktion**,
- f(x) ist der **Funktionsterm**,
- $y = f(x)$ ist die **Funktionsgleichung** der Funktion f,
- D ist die **Definitionsmenge** der Funktion,
- für jeden x-Wert ergibt sich ein y-Wert,
- die Menge der y-Werte ist die **Wertemenge W** der Funktion f.

Hinweis
Andere übliche Bezeichnungen für Funktionen sind: g, h, k, s, …
Andere übliche Bezeichnungen für Variablen sind: u, v, w, t, …

Die proportionalen Zuordnungen sind Funktionen, denn bei ihnen wird jedem x-Wert durch $y = ax$ genau ein y-Wert zugeordnet. Diese Funktionen kennst du schon aus der Klasse 7. Im nächsten Kapitel werden weitere Funktionen untersucht.

Gib für die folgenden Zuordnungen die Definitionsmengen und die Wertemengen an. Überprüfe, welche der Zuordnungen Funktionen sind. Zeichne dazu – wenn möglich – die Graphen und bestimme Zuordnungsgleichungen.

Übung 9

a) Jeder ganzen Zahl wird 1 zugeordnet.
b) Jeder natürlichen Zahl x wird die Hälfte von x zugeordnet.
c) Jeder rationalen Zahl r wird die größte ganze Zahl zugeordnet, die kleiner oder gleich r ist.
d) Den Wochentagen von Montag bis Sonntag werden die Zahlen 1 bis 7 zugeordnet.

Überprüfe die Übung mit Hilfe des Lösungsteils.

Geraden

Was ist eine Gerade?

Um zu erklären, was eine Gerade ist, kann man z. B. sagen:

Beispiel

1. Eine Gerade ist eine Linie, die geradlinig ist ohne Anfang und ohne Ende.
2. Eine Gerade ist eine Linie ohne Anfang und Ende, die nicht krumm ist.
3. Eine Gerade ist wie die Horizontlinie, aber sie hört nicht auf.

Die ersten beiden Erklärungen können eigentlich nicht weiterhelfen, denn sie setzen ja voraus, dass man erklärt hat, was geradlinig oder nicht krumm ist. Die dritte Erklärung ist ebenfalls problematisch, denn von einem Berg aus gesehen ist die Horizontlinie eine geschlossene ‹Kreislinie›. Außerdem finden wir nirgends in der Natur eine Linie, die sich unendlich weit erstreckt.
Obwohl es in der Natur keine Geraden gibt und trotz der Schwierigkeiten, eine genaue Beschreibung der Eigenschaften von Geraden anzugeben, scheinen alle Menschen merkwürdigerweise doch eine Vorstellung im Kopf (eine Anschauung) davon zu haben, was eine Gerade ist. Bei der mathematischen Beschreibung der Eigenschaften einer Geraden wird man versuchen, genau die Eigenschaften zu erfassen, die in unserer Anschauung zum Begriff der Geraden gehören, ohne dabei auf Näherungsbeispiele aus der Natur zurückzugreifen.

Geraden sind Punktmengen und gehören deshalb zum mathematischen Gebiet der Geometrie. Dennoch untersuchen wir die Eigenschaften von Geraden hier nicht in der Geometrie, sondern wir bringen Geraden in Zusammenhang mit Funktionen.

Damit können wir die **Eigenschaften von Geraden als Eigenschaften von Funktionen** ausdrücken. Dabei brauchen wir nicht ganz von vorne anzufangen, denn du hast schon in Klasse 7 **proportionale Zuordnungen** kennen gelernt, die wir nun zur Untersuchung von Geradeneigenschaften verwenden werden.

Proportionale Zuordnungen und Ursprungsgeraden

Zunächst werden die aus Klasse 7 bekannten Eigenschaften von proportionalen Zuordnungen zusammengestellt.

Zwei Variablen (oder Größen) x und y heißen **proportional** zueinander genau dann, wenn es eine Zahl a ($a \neq 0$) gibt, sodass gilt

$y = a \cdot x.$

Dabei wird a als **Proportionalitätsfaktor** bezeichnet.

Durch eine Äquivalenzumformung erhält man für $x \neq 0$

$$y = ax \Leftrightarrow \frac{y}{x} = a.$$

Hinweis

Natürlich ist auch der Quotient $\frac{x}{y}$ konstant: $\frac{x}{y} = \frac{1}{a}$.

Der Quotient von y und x hat also für alle Paare (x;y) der Zuordnung den festen Wert a. Bei einer proportionalen Zuordnung sind die Variablen x und y **quotientengleich**.
Proportionale Zuordnungen sind **Funktionen**, da jedem x durch $y = ax$ genau ein y zugeordnet wird.
Die mathematische Schreibweise für die **proportionale Zuordnung** (oder **proportionale Funktion**) ist $x \rightarrow ax$, $D \in \mathbb{Q}$.
Die **Definitionsmenge** ist die Menge der rationalen Zahlen.
Die **Funktionsgleichung** (wir werden von nun an stets diese Zuordnung als Funktion bezeichnen) ist $y = ax$.

Einzelne Paare (x;y) der Funktion kann man in eine **Funktionstabelle** eintragen.

Beispiel für $x \rightarrow \frac{2}{3}x$:

x	y
−3	−2
−1	$-\frac{2}{3}$
0	0
2	$\frac{4}{3}$
3	2
6	4

Beispiel

Tipp

Zu jeder proportionalen Zuordnung gehört das Paar (0;0).

Der Graph der Funktion ist eine Punktmenge auf einer **Ursprungsgeraden**. Wählt man genügend viele x-Werte, so liegen die Punkte so eng beieinander, dass sie ohne erkennbare Lücken das Bild einer Geraden durch (0|0) ergeben.

(0;0) ist ein geordnetes Zahlenpaar. (0|0) ist ein Koordinatenpaar für einen Punkt.

Hinweis

Beispiel

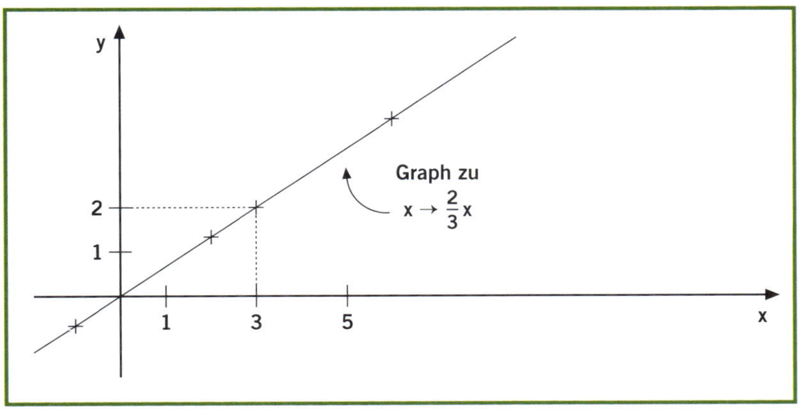

Die Steigung einer Geraden

Zeichnet man die Geraden für verschiedene proportionale Funktionen, so fällt auf, dass sie unterschiedlich steil durch den Nullpunkt verlaufen. Diese Steilheit der Geraden wird nun mathematisch als **Steigung einer Geraden** präzisiert.

Beispiel

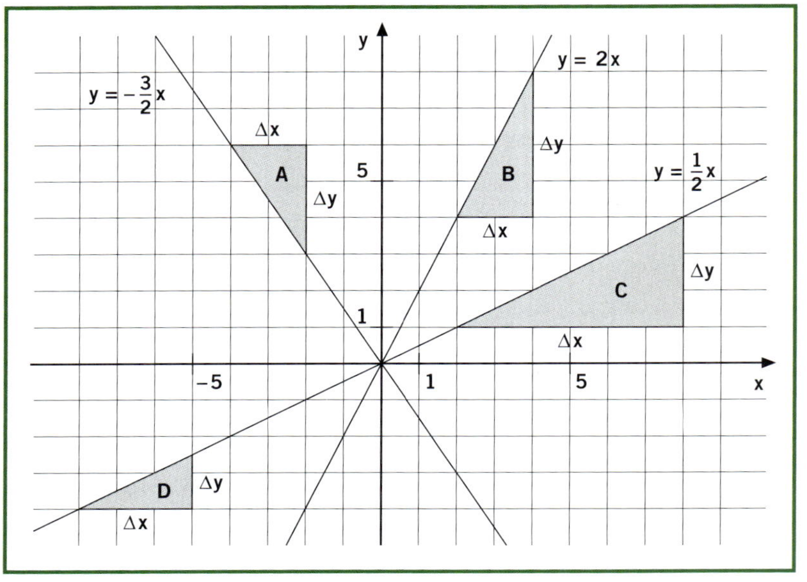

In der Skizze erkennt man die eingezeichneten **Steigungsdreiecke** A, B, C, D. Um ein Steigungsdreieck für eine Gerade g zu zeichnen, kann man in folgender Weise vorgehen:

Beispiel

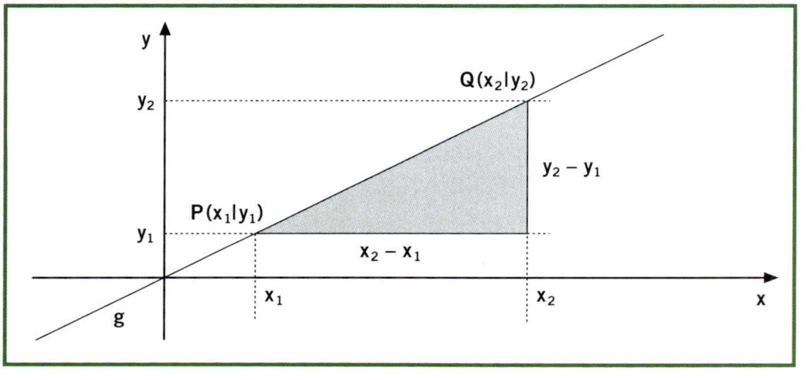

Es werden zwei Punkte P $(x_1|y_1)$ und Q $(x_2|y_2)$ auf g gewählt, wobei Q ‹rechts› von P liegt, d. h., es gilt $x_2 > x_1$.
Durch P wird eine waagerechte und durch Q eine senkrechte Gerade gelegt. Damit ist das Steigungsdreieck bestimmt.
Werden auf der Geraden die Punkte von P nach Q durchlaufen, so wächst die x-Koordinate von x_1 auf x_2. Der Zuwachs in x-Richtung ist also $x_2 - x_1 = \Delta x$ (Delta x). Gleichzeitig ändert sich die y-Koordinate von y_1 in y_2. Die Änderung in y-Richtung ist also $y_2 - y_1 = \Delta y$. Diese Änderung ist > 0, wenn die Gerade nach ‹rechts› ansteigt. Sie ist 0, wenn die Gerade parallel zur x-Achse verläuft. Sie ist negativ, wenn die Gerade nach ‹rechts› fällt. Mit diesen Festlegungen ergibt sich die folgende Definition.

Die **Steigung** m einer Geraden ist der Quotient aus Koordinatenänderung in y-Richtung und zugehörigem x-Zuwachs:

$$m = \frac{\Delta y}{\Delta x}.$$

Für zwei beliebige Punkte P $(x_1|y_1)$ und Q $(x_2|y_2)$ auf der Geraden ergibt sich:

$$m = \frac{y_2 - y_1}{x_2 - x_1}.$$

Übung 10

Bestimme die Steigungen der Geraden in der Skizze auf Seite 50 (Steigungsdreiecke A, B, C, D). Was fällt dir auf, wenn du die Werte für m mit den Geradengleichungen vergleichst?

Überprüfe nun deine Lösungen.

Hat die Gerade die Gleichung $y = ax$, so ergibt sich für die Steigung Folgendes:

$$m = \frac{\Delta y}{\Delta x} = \frac{y_2 - y_1}{x_2 - x_1} = \frac{ax_2 - ax_1}{x_2 - x_1} = \frac{a(x_2 - x_1)}{x_2 - x_1} = a.$$

Der Proportionalitätsfaktor a in $y = ax$ ist also geometrisch gesehen die Steigung m der zugehörigen Geraden.

Bei der Definition der Steigung fällt auf, dass die Punkte **beliebig** auf der Geraden gewählt werden können. Bei verschiedener Punktwahl ergeben sich aber auch verschiedene Steigungsdreiecke. Man könnte so auf den Gedanken kommen, dass die Größe oder Position des Steigungsdreiecks auch Einfluss auf den Wert für die Steigung haben könnte. An der letzten Rechnung, die zeigt, dass m = a gilt, erkennt man aber auch, dass Lage und Größe des Steigungsdreiecks keinen Einfluss auf den errechneten Steigungswert haben, denn für beliebige Punkte P und Q auf der Geraden kürzt sich stets $(x_2 - x_1)$ weg, sodass sich für alle Steigungsdreiecke m = a ergibt. Das stimmt auch genau mit unserer Vorstellung von Geraden überein:

Geraden haben überall dieselbe Steigung.

Allgemeine Geradenfunktion

Ist eine Funktion $g : x \rightarrow ax, x \in \mathbb{Q}$ gegeben, so liegen die Punkte des Graphen auf einer Geraden, die durch den Koordinatenursprung geht. Wie ändert sich nun die Zuordnung, wenn wir die Punkte einer Geraden betrachten, die parallel verschoben ist? An der folgenden Skizze kann man die Änderung der Zuordnung erkennen:

Beispiel

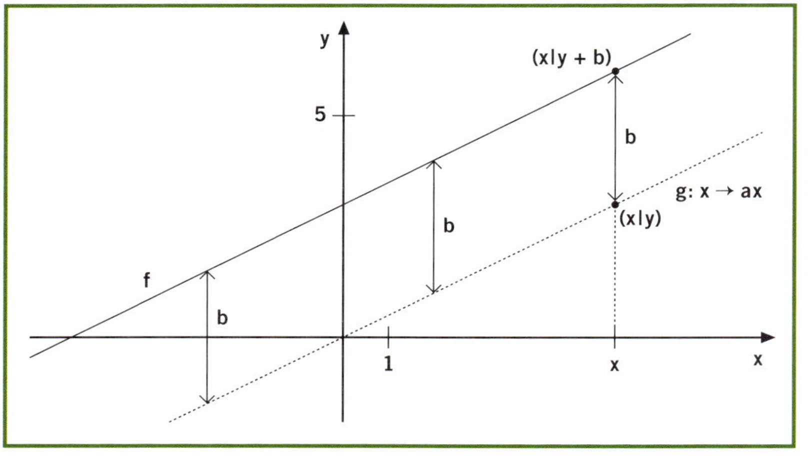

Zu den Punkten der gestrichelten Geraden gehört die Funktion g. Jeder Punkt dieser Geraden wird nun um b nach oben verschoben, d. h., die y-Koordinate eines jeden Punktes wird um b vergrößert. Es ergibt sich dann die eingezeichnete, parallel verschobene Gerade. Diese Verschiebung in y-Richtung bedeutet auch eine Änderung der Funktion. Für die Koordinaten der Punkte auf der Ursprungsgeraden gilt $y = ax$. Da sich bei der verschobenen Geraden die y-Werte um b erhöhen, gilt für die verschobene Gerade die Gleichung $y = ax + b$. Die zugehörige Funktion f ist dann $f: x \rightarrow ax + b, x \in \mathbb{Q}$. Die Verschiebung um b kann man besonders einfach am Graphen der Geraden bei $x = 0$ erkennen. Dort ist b dann gerade der Abschnitt auf der y-Achse, denn für $x = 0$ gilt ja $y = a \cdot 0 + b = b$. Damit haben wir die **allgemeine Geradenfunktion** gefunden.

Die Funktion $f: x \rightarrow ax + b, x \in \mathbb{Q}$ heißt allgemeine Geradenfunktion oder lineare Funktion. Die Punkte des Graphen liegen auf einer Geraden, die die Steigung a und den y-Achsenabschnitt b hat. Die Gleichung der Geraden ist $y = ax + b$.

Beispiel

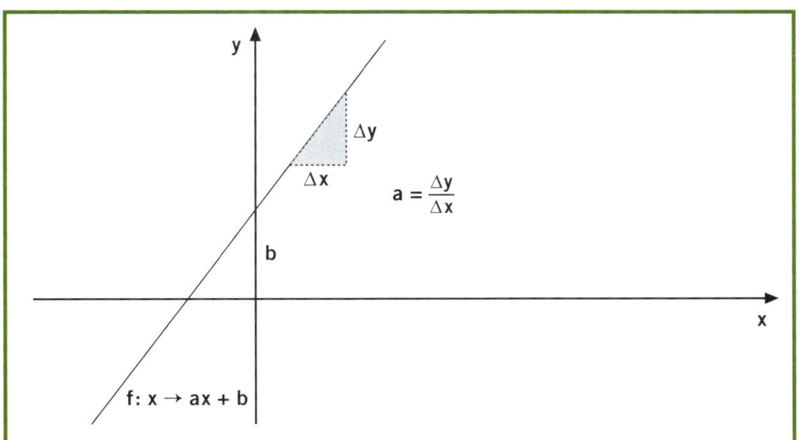

Das folgende Schaubild zeigt dir die drei Hauptfälle für Steigungen a.

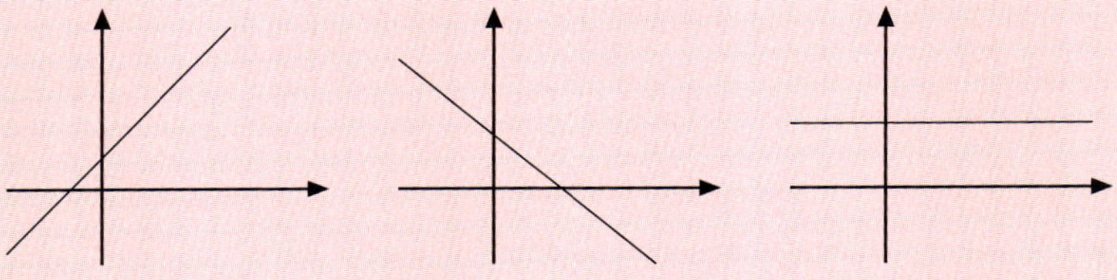

$a > 0$	$a < 0$	$a = 0$
steigend	fallend	parallel
(nach rechts)	(nach rechts)	zur x-Achse

Jetzt werden die Standardprobleme für Geradenfunktionen besprochen. Du kannst dich bei den Lösungen an dem folgenden Lösungsschema orientieren.

Das Ziel ist im Allgemeinen die Bestimmung der Parameter a und b in der allgemeinen Geradengleichung $y = ax + b$.

- Ist für a oder b eine Zahl gegeben, so wird sie für den Parameter a oder b eingesetzt.
- Mit den Koordinaten von 2 Punkten $P(x_1|y_1)$ und $Q(x_2|y_2)$ kann a berechnet werden:
  $a = \frac{\Delta y}{\Delta x} = \frac{y_2 - y_1}{x_2 - x_1}$.
- Mit jedem Punkt $P(x_1|y_1)$ ergibt sich eine Gleichung, die zur Berechnung von a oder b beiträgt:
  $b = y_1 - ax_1$ oder
  $a = \frac{y_1 - b}{x_1}$ (x_1 muss im Nenner natürlich $\neq 0$ sein).

Hinweis

Eine andere Bezeichnung für **Parameter** ist **Formvariable.** Solange für a und b keine Zahlen eingesetzt sind, liegt nur die Form der Gleichung fest. Erst wenn für a und b Zahlen bestimmt worden sind, ist eine bestimmte Geradengleichung gegeben.

Standardprobleme für Geradenfunktionen

Bestimmung der Geradenfunktion aus gegebenen Geradeneigenschaften

1. Fall: Die Steigung und der y-Achsenabschnitt sind gegeben

Beispiel

Wie heißen Funktion und Gleichung für eine Gerade mit der Steigung 5 und dem y-Achsenabschnitt -3?
Lösung: Die allgemeine Geradengleichung heißt $y = ax + b$. Es gilt hier $a = 5$ und $b = -3$. Also heißt die Gleichung für diese Gerade $y = 5x + (-3)$ oder vereinfacht $y = 5x - 3$. Die Funktion ist dann $x \to 5x - 3$, $D = \mathbb{Q}$.

2. Fall: Die Steigung und ein Punkt sind gegeben

Beispiel

Wie heißt die Gleichung der Geraden, die den Punkt $P(2|3)$ enthält und die Steigung 4 hat?
Lösung: Wegen der Steigung 4 hat die Gleichung die Form $y = 4x + b$. Mit Hilfe des Punktes $P(2|3)$ wird nun b bestimmt. Die Gleichung ist für alle Koordinatenpaare von Geradenpunkten wahr. Also gilt auch für $P(2|3)$ $3 = 4 \cdot 2 + b$. Durch äquivalentes Umformen erhält man $b = 3 - 8 = -5$. Damit ergibt sich schließlich die Geradengleichung $y = 4x - 5$.

3. Fall: Der y-Achsenabschnitt und ein Punkt sind gegeben

Beispiel

Wie heißt die Gleichung der Geraden, die den Punkt $P(2|3)$ enthält und den y-Achsenabschnitt 5 hat?
Lösung: Wegen des y-Achsenabschnitts 5 hat die Gleichung die Form $y = mx + 5$. Mit Hilfe des Punktes $P(2|3)$ wird nun m bestimmt: $3 = m \cdot 2 + 5 \Leftrightarrow m = -1$. Damit ergibt sich die Geradengleichung $y = -x + 5$.

4. Fall: Zwei Punkte sind gegeben

Beispiel

Wie heißt die Gleichung der Geraden, die durch P(2|3) und Q(5|9) geht?
Lösung: P und Q bestimmen ein Steigungsdreieck. Von P nach Q ändert sich x von 2 in 5, y von 3 in 9. Also gilt $\Delta x = 5 - 2 = 3$ und $\Delta y = 9 - 3 = 6$. Damit ergibt sich $a = \frac{\Delta y}{\Delta x} = \frac{6}{3} = 2$. Für die Geradengleichung gilt also $y = 2x + b$. Wie im 2. Fall wird b mit den Koordinaten eines Geradenpunktes berechnet. Für P(2|3) gilt $3 = 2 \cdot 2 + b$. Hieraus ergibt sich $b = -1$. Die Geradengleichung heißt damit $y = 2x - 1$.

Übung 11 Bestimme die Geradengleichungen zu g, h, k, r und zeichne alle zugehörigen Geraden in ein Koordinatensystem.

Überprüfe die Übung mit Hilfe des Lösungsteils.

a) g geht durch (–1|1) und (6|–6).
b) h hat die Steigung 1 und geht durch (2|4).
c) k hat den y-Achsenabschnitt 5 und geht durch (4|0).
d) r geht durch die Punkte (5|0) und (0|–4).

Bestimmung der Geradenschnittpunkte mit den Koordinatenachsen

Beispiel

Wo schneidet die Gerade mit der Gleichung $y = ax + b$ die x-Achse und die y-Achse?
Lösung: Für alle Punkte der y-Achse gilt $x = 0$. Die x-Koordinate des Schnittpunktes der Geraden mit der y-Achse ist also schon als 0 bekannt. Mit der Geradengleichung ergibt das: $y = a0 + b \Leftrightarrow y = b$. Der Schnittpunkt mit der y-Achse ist also: (0|b) (b ist ja auch der y-Achsenabschnitt der Geraden). Für alle Punkte der x-Achse gilt: $y = 0$. Mit der Geradengleichung ergibt sich: $0 = ax + b \Leftrightarrow x = \frac{-b}{a}$ (für $a \neq 0$).
Der Schnittpunkt mit der x-Achse ist also: $(\frac{-b}{a}|0)$.

Die x-Koordinate des Schnittpunkts einer Geraden mit der x-Achse heißt **Nullstelle** der Geraden.
Mit Funktionen der Form $x \to ax + b$ kann man alle Geraden in der x, y-Ebene beschreiben bis auf die **Geraden, die parallel zur y-Achse sind (senkrechte Geraden)**. Da bei diesen Geraden einem x-Wert unendlich viele y-Werte zugeordnet werden, kann die Zuordnung keine Funktion sein. Mathematisch kann man diese Geraden so beschreiben:
Schneidet die senkrechte Gerade die x-Achse in $(c|0)$, so gilt für alle Punkte $(x|y)$ der Geraden: **$x = c$ und y beliebig aus $\mathbb{Q}$.**

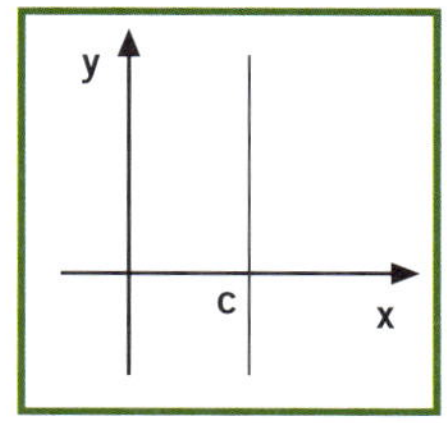

Bestimmung der Schnittpunkte zweier Geraden

Sind zwei Geraden gegeben, so kann man die Lage der Geraden zueinander bestimmen. Dazu untersucht man, welche Punkte beide Geraden gemeinsam haben. Solche **Inzidenzaufgaben** werden jetzt behandelt. Die folgende Skizze zeigt die Möglichkeiten, wie Geraden in der x, y-Ebene zueinander liegen können.

Hinweis
Inzidenzaufgaben: Untersuchungen mehrerer Geraden auf gemeinsame Punkte.

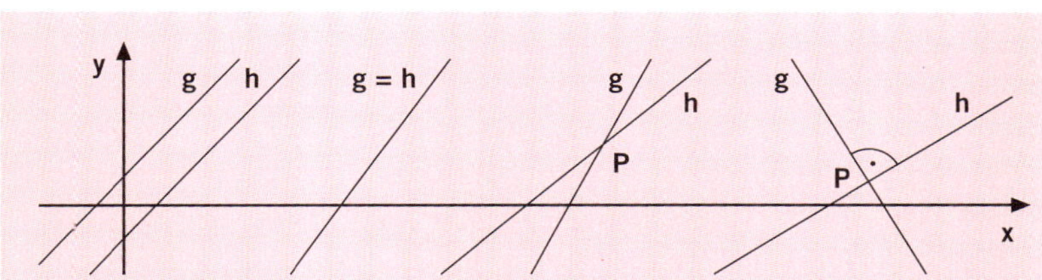

g∥h (parallel)	g = h (identisch)	g schneidet h in P	g schneidet h in P, und g ist senkrecht zu h

Die ersten drei Fälle werden in Musteraufgaben behandelt, der vierte Fall auf den Seiten 59–60 in einem eigenen Abschnitt.

a) Parallele und identische Geraden

Diese Fälle sind leicht zu entscheiden, wenn die Gleichungen der Geraden gegeben sind. Geraden sind parallel, wenn sie die gleiche Steigung haben. Sie sind gleich (identisch), wenn sie gleiche Steigung und gleichen y-Achsenabschnitt haben.

Beispiel

Die Gerade g mit $y = 3x + 4$ und die Gerade h mit $y = 3x + 5$ sind parallel, weil sie beide die Steigung 3 haben. Sie sind aber nicht identisch, da die y-Achsenabschnitte 5 und 4 sind.

b) Sich schneidende Geraden

Sind Geraden nicht parallel oder identisch, so schneiden sie sich in genau einem Punkt der Ebene.

Beispiel

Gegeben sind g mit $y = x + 4$ und h mit $y = -2x + 7$.
Der Schnittpunkt ist ein gemeinsamer Punkt beider Geraden. Also gelten im Schnittpunkt $P(x_s|y_s)$ beide Gleichungen:
$y_s = x_s + 4$ und $y_s = -2x_s + 7$.

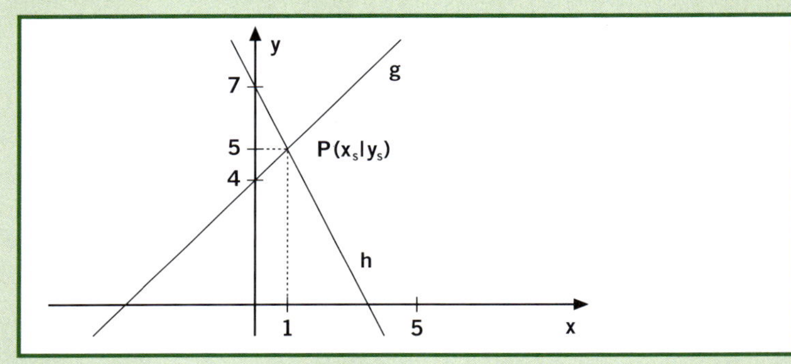

Man kann aus einer Gleichung allein nicht die Koordinaten berechnen, da jede Gleichung die beiden Variablen x_s und y_s enthält. Durch Kombinieren beider Gleichungen kann man die Koordinaten x_s und y_s aber errechnen. Bei beiden Gleichungen steht auf der rechten Seite ein Term für y_s. Diese beiden Terme müssen also denselben Wert ergeben. Sie sind gleich:
$x_s + 4 = -2x_s + 7$.
Durch dieses **Gleichsetzungsverfahren** – die beiden Terme für y_s wurden gleichgesetzt – erhält man eine Gleichung, die nur eine Variable x_s enthält. Sie kann nach x_s durch äquivalente Umformungen aufgelöst werden. Es ergibt sich:
$x_s + 4 = -2x_s + 7 \Leftrightarrow 3x_s = 3 \Leftrightarrow x_s = 1$.

Nun ist die x-Koordinate des Schnittpunkts bestimmt. Damit kann aus jeder der beiden Ausgangsgleichungen die fehlende y-Koordinate errechnet werden, wenn für die Variable x_s der errechnete Wert 1 eingesetzt wird.
$y_s = x_s + 4 = 1 + 4 = 5$.
Als Schnittpunkt ergibt sich also P(1|5).

Tipp

Der Kern des Verfahrens: Gleichsetzen schafft eine Gleichung mit nur einer Variablen.

Hinweis

Der Index s für die Schnittpunktkoordinaten kann bei der Rechnung weggelassen werden.
Zusammenfassung der Hauptschritte dieses wichtigen Lösungsverfahrens:

Schnittpunktbestimmung mit dem Gleichsetzungsverfahren:
- Beide Geradengleichungen bestimmen,
- Terme für y gleichsetzen und aus dieser Gleichung x errechnen,
- den errechneten x-Wert in eine der Geradengleichungen einsetzen und mit dieser Gleichung y errechnen,
- der x-Wert und der y-Wert sind die Schnittpunktkoordinaten.

Übung 12

Die Geraden g mit $y = 2x + 6$, h mit $y = -5x + 5$ und f mit $y = 0{,}5x - 1$ schneiden sich so, dass ein Dreieck bestimmt wird. Berechne die Eckpunkte des Dreiecks. Zeichne die Geraden und überprüfe damit die Ergebnisse der Rechnung.

Überprüfe nun deine Lösungen.

Geraden, die senkrecht zueinander sind

Wenn sich zwei Geraden schneiden, so schneiden sie sich unter einem bestimmten Winkel. Wenn die Größe dieses Winkels 90° beträgt, sind die Geraden **senkrecht** zueinander. Es soll nun gezeigt werden, wie man mit Hilfe der beiden Geradensteigungen berechnen kann, wann zwei Geraden senkrecht zueinander sind.

Beispiel

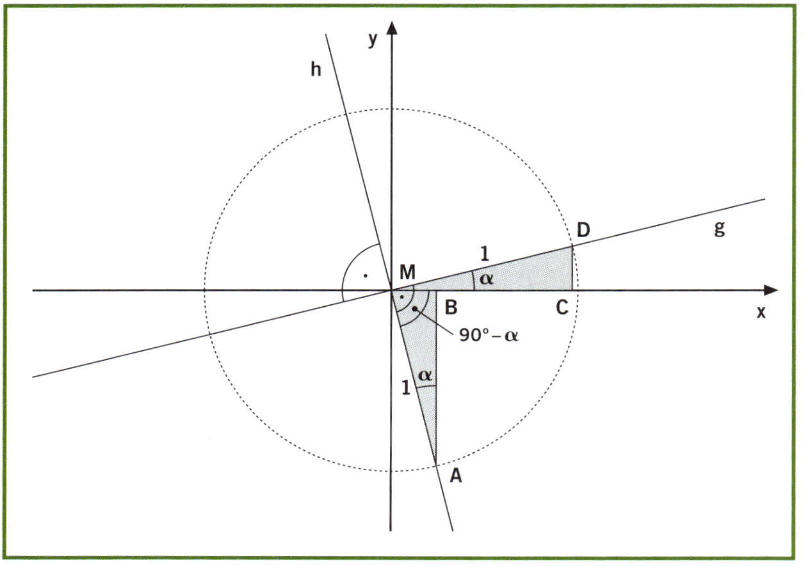

Hinweis

Hier wird aus der Geometrie der Kongruenzsatz WSW für Dreiecke benutzt.

Die beiden Geraden g und h sind senkrecht zueinander. Für die beiden Geraden wurden zwei Steigungsdreiecke in einem Kreis mit dem Radius 1 eingezeichnet. Die beiden Dreiecke sind kongruent, denn sie stimmen in ihren Winkelgrößen und in der Länge 1 einer ihrer Seiten überein. Es gilt also für die Seitenlängen:

Tipp

AB = Gerade
$\overline{AB}$ = Strecke
$|\overline{AB}|$ = Länge der Strecke

$|\overline{DC}| = |\overline{MB}|$ und $|\overline{MC}| = |\overline{AB}|$.

Für die Steigung m_1 von g ergibt sich:

$$m_1 = \frac{|\overline{CD}|}{|\overline{MC}|}.$$

Für die Gerade h erhält man, wenn berücksichtigt wird, dass sie eine negative Steigung hat:

$$m_2 = -\frac{|\overline{BA}|}{|\overline{MB}|} = -\frac{|\overline{MC}|}{|\overline{CD}|} = -\frac{1}{m_1}.$$

Damit ist das folgende Ergebnis gefunden.

Sind zwei Geraden mit den Steigungen m_1 und m_2 **senkrecht** zueinander, so gilt $m_1 \cdot m_2 = -1$.

Übung 13

a) Unter den gegebenen Geraden sind einige, die senkrecht zueinander sind. Ermittle diese und zeichne sie in ein Koordinatensystem.

$g: x \rightarrow 2x - 5$, $h: x \rightarrow -2x + 2$, $u: x \rightarrow -\frac{1}{2}x$, $v: x \rightarrow \frac{x}{2} + 1$.

b) Überprüfe zeichnerisch und rechnerisch, ob das Dreieck mit den Eckpunkten A (0|0), B (8|1) und C (4|4) rechtwinklig ist. (Zur rechnerischen Lösung dieser Aufgabe benötigst du die Steigungen der Geraden durch die Eckpunkte des Dreiecks.)

Überprüfe die Übung mit Hilfe des Lösungsteils.

Anwendungsaufgaben zu Geradenfunktionen

Mathematische Verfahren werden in vielen außermathematischen Bereichen mit Erfolg benutzt, um Probleme zu lösen. Du hast selber schon viele solcher Anwendungsaufgaben kennen gelernt. Die Berechnung von Zinsen für ein Kapital oder die Bestimmung des Flächeninhalts eines Rechtecks sind Beispiele dafür. Ein Beispiel aus der Physik ist die mathematische Beschreibung von gleichförmigen Bewegungen.

Hat ein Körper die konstante Geschwindigkeit v, so kann man die Bewegung in einem Zeit-Weg-Koordinatensystem als Gerade darstellen. Im Allgemeinen wird t als Variable für die Zeit und s als Variable für den Weg gewählt. Die Geradengleichung hat dann die Form $s = v \cdot t + b$. Für die Steigung v dieser Geraden gilt also $v = \frac{\Delta s}{\Delta t}$. Die Geschwindigkeit ist der Quotient aus zurückgelegtem Weg und benötigter Zeit.

Beispiel

Ein Auto hat die Geschwindigkeit von 100 km/h. Welches ist die zugehörige Geradengleichung im t, s-Koordinatensystem?

Lösung:

Auf der waagerechten t-Achse wird die Zeit in Stunden angegeben, und auf der senkrechten s-Achse wird der Weg in Kilometern angegeben.

Der Startpunkt wird in den Punkt (0|0) gelegt. Damit gilt für den s-Achsenabschnitt $b = 0$. Die Steigung ist gegeben mit $v = 100$. Also ist $s = 100\,t$ die gesuchte Geradengleichung.

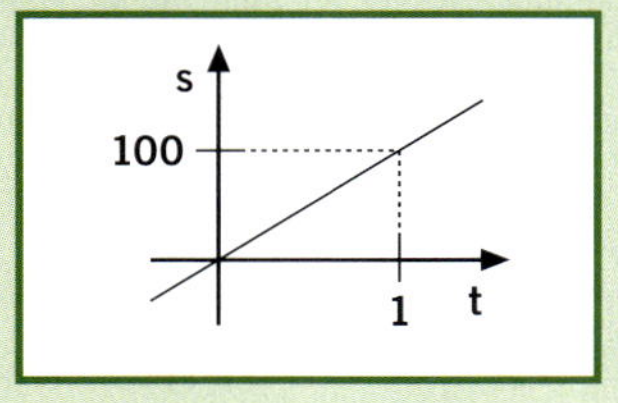

Bei vielen Anwendungsaufgaben helfen dir die folgenden drei Schritte bei der Lösung.

1. Lösungsschritt:
Überprüfung außermathematischer Kenntnisse

Ermittle beim Lesen der Aufgabenstellung, welche außermathematischen Kenntnisse zum Lösen der Aufgabe gebraucht werden.

Bei Bewegungsaufgaben wird häufig die Gleichung für gleichförmige Bewegungen benötigt (siehe obiges Beispiel).

2. Lösungsschritt:
Veranschaulichung im Koordinatensystem

Ideen zum Lösen der Aufgabe bekommst du durch Veranschaulichung der Zusammenhänge in einem Koordinatensystem.

Bei Bewegungsaufgaben passt häufig ein t, s-Koordinatensystem wie im obigen Beispiel zur gleichförmigen Bewegung.

3. Lösungsschritt:
Als mathematisches Problem lösen

- Mit den Angaben aus der Aufgabenstellung übersetzt du die gestellte Aufgabe in ein mathematisches Problem.
- Du löst das mathematische Problem und formulierst danach die Lösung für die gestellte Anwendungsaufgabe.

1. Anwendungsaufgabe

Beispiel

Es soll berechnet werden, wo sich die Fahrtrouten eines Tankers und einer Schiffsfähre kreuzen. Die Angaben zu Positionen und Kursen werden hier bezogen auf eine Ebene mit einem x, y-Koordinatensystem.
Angaben für die Fähre:
Um 12 Uhr befindet sie sich bei Punkt A (1|1) in Richtung auf Punkt B (10|5).
Angaben für den Tanker:
Um 12 Uhr befindet er sich bei Punkt C (2|9) in Richtung auf Punkt D (11|0).

1. Lösungsschritt

Es sind keine außermathematischen Kenntnisse erforderlich.

2. Lösungsschritt

Die Veranschaulichung in einem x, y-Koordinatensystem ist durch die Aufgabenstellung vorgezeichnet. Bei der gegebenen Aufgabenstellung kann man die Positionen und Richtungen der Schiffe um 12 Uhr aufzeichnen.

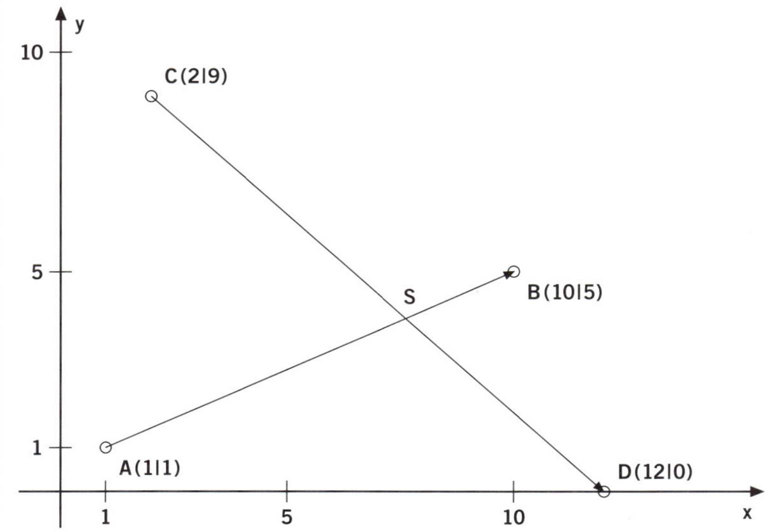

An der Skizze erkennt man, dass sich die Bahnen in S kreuzen und dass man die Bahnen als Geraden ansehen kann. An der Veranschaulichung der Problemsituation erkennt man den Lösungsgang.

3. Lösungsschritt

Die Lösung des mathematischen Problems erfordert drei Schritte:

– Die Gleichung der Geraden AB wird bestimmt,
– die Gleichung der Geraden CD wird bestimmt und
– der Schnittpunkt S beider Geraden wird errechnet.

Geradengleichung für AB

Durch A und B ist ein Steigungsdreieck bestimmt, mit dem man die Steigung m von AB errechnet:
$m = \frac{5-1}{10-1} = \frac{4}{9}$.
Die Geradengleichung hat also die Form $y = \frac{4}{9}x + b$. Zur Bestimmung von b werden die Koordinaten von A in diese Gleichung eingesetzt. Man erhält so $1 = \frac{4}{9} \cdot 1 + b \Leftrightarrow b = \frac{5}{9}$.
Damit ergibt sich als Geradengleichung für AB $y = \frac{4}{9}x + \frac{5}{9}$.

Geradengleichung für CD

Ähnlich wie bei AB wird zunächst die Steigung m bestimmt: $m = \frac{0-9}{12-2} = -0{,}9$. Damit hat die Geradengleichung die Form $y = -0{,}9x + b$. Zur Bestimmung von b werden die Koordinaten von D in die Gleichung eingesetzt. Es ergibt sich $0 = -0{,}9 \cdot 12 + b \Leftrightarrow b = 10{,}8$. So erhält man als Geradengleichung für CD $y = -0{,}9x + 10{,}8$.

Berechnung des Schnittpunktes S

In S gelten beide Geradengleichungen. Die y-Terme können also gleichgesetzt werden (Gleichsetzungsverfahren). Damit ergibt sich

$\frac{4}{9}x + \frac{5}{9} = -0{,}9x + 10{,}8 \Leftrightarrow x\left(\frac{4}{9} + 0{,}9\right) = 10{,}8 - \frac{5}{9} \Leftrightarrow x \approx 7{,}62$.

Die y-Koordinate kann aus jeder der Geradengleichungen errechnet werden. Mit der Gleichung für CD ergibt sich $y \approx -0{,}9 \cdot 7{,}62 + 10{,}8 \approx 3{,}94$. Also gilt näherungsweise für die Position des Kreuzungspunktes S $(7{,}62|3{,}94)$.

Diese mathematische Lösung ist hier auch die Lösung der Anwendungsaufgabe.

2. Anwendungsaufgabe

Beispiel

Zwei Bahnhöfe A und B sind 60 km voneinander entfernt. Ein Zug fährt mit der mittleren Geschwindigkeit von 80 km/h von A nach B. Er startet um 12 Uhr. Um 12.15 Uhr startet ein Gegenzug bei B. Er hat eine mittlere Geschwindigkeit von 60 km/h. Wann fahren die Züge auf der Strecke aneinander vorbei?

1. Lösungsschritt

Beim Lesen der Aufgabenstellung erfährt man, dass für die Züge mittlere Geschwindigkeiten angegeben sind. Damit kann angenommen werden, dass sie sich gleichförmig mit den angegebenen Geschwindigkeiten bewegen.

2. Lösungsschritt

Eine erste Veranschaulichung könnte wie folgt aussehen.

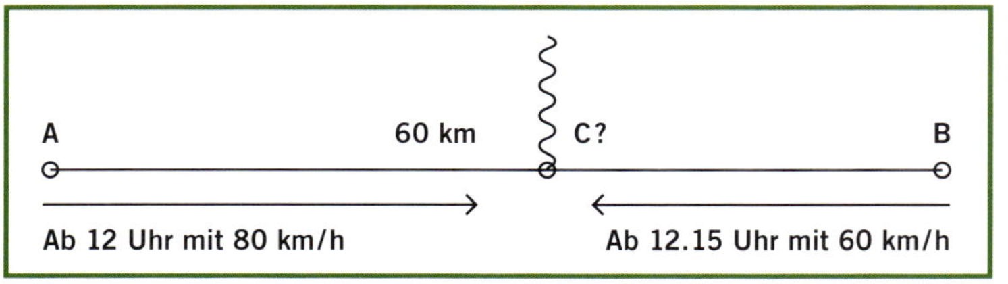

Diese Skizze zeigt übersichtlich die gegebenen Daten, aber es ist nicht einfach zu sehen, wie Kenntnisse über Geradenfunktionen hier weiterhelfen könnten. Hier hilft eine andere Veranschaulichung weiter. Die Bewegungen werden in einem t, s-Koordinatensystem dargestellt.

Wahl des Koordinatensystems

t wird in Minuten auf der waagerechten Achse aufgetragen. t beginnt mit 0 um 12 Uhr. s wird in km auf der senkrechten Achse aufgetragen. s gibt den Abstand zu A an.

Zeichnen der Geraden für den ersten Zug

Er fährt um 12 Uhr von A los. Dieser Punkt wird in den Koordinatenursprung gelegt: A (0|0). Der Zug hat die Geschwindigkeit von 80 km/h. Also hat er nach 30 Minuten 40 km zurückgelegt. Dann ist er im Punkt P (30|40). Die Gerade PA veranschaulicht den Zusammenhang von Weg und Zeit für den ersten Zug.

Zeichnen der Geraden für den zweiten Zug

Er fährt um 12.15 Uhr von B los. B ist 60 km von A entfernt. Mit diesen beiden Angaben ergeben sich im t, s-System die Koordinaten: B (15|60). 30 Minuten später, also bei $t = 15 + 30$, ist der Zug noch 30 km von A entfernt. Er ist dann im Punkt R (45|30). Die Gerade BR veranschaulicht den Zusammenhang von Weg und Zeit für den zweiten Zug.

Mit diesen Überlegungen ergibt sich die folgende Skizze.

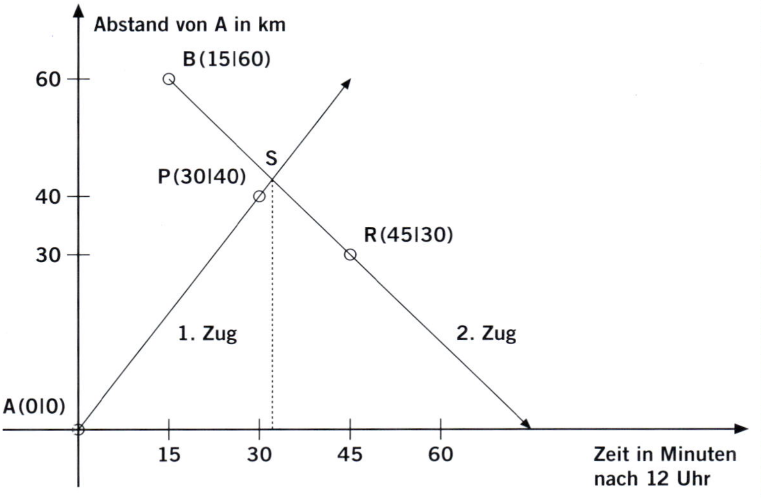

Tipp

Aus der Skizze kannst du schon näherungsweise die Lösung entnehmen. Die Züge treffen sich kurz nach 12.30 Uhr.

3. Lösungsschritt

Aus der Skizze erkennt man, dass der Schnittpunkt S der beiden Geraden bestimmt werden muss, denn in S haben beide Züge dieselbe Entfernung von A.

Gleichung der Geraden für den ersten Zug

Die Gerade ist eine Ursprungsgerade durch A (0|0) und P (30|40). Ihre Gleichung hat die Form $s = v \cdot t$. Mit P ergibt sich daraus $40 = v \cdot 30 \Leftrightarrow v = \frac{4}{3}$. Die Geradengleichung ist damit $s = \frac{4}{3}t$.

Gleichung der Geraden für den zweiten Zug

Die Gerade geht durch B (15|60) und R (45|30). Mit den beiden Punkten als Ecken eines Steigungsdreiecks ergibt sich die Steigung $v = \frac{30 - 60}{45 - 15} = -1$. Die Geradengleichung hat damit die Form $s = -t + b$. Mit den Koordinaten von B wird b errechnet. Es gilt $60 = -15 + b \Leftrightarrow b = 75$. Damit erhält man als Geradengleichung $y = -t + 75$.

Hinweis

Hier ist v negativ, da die Bewegungsrichtung entgegengesetzt zum ersten Zug ist.

Berechnung des Geradenschnittpunktes S

Mit dem Gleichsetzungsverfahren erhält man

$\frac{4}{3}t = -t + 75 \Leftrightarrow t(1 + \frac{4}{3}) = 75 \Leftrightarrow t = \frac{75}{\frac{7}{3}} \Leftrightarrow t = \frac{225}{7} \approx 32{,}14$

Die beiden Züge treffen sich 32,14 Minuten nach 12 Uhr.

Übung 14

a) Ein Radfahrer fährt mit 30 km / h von A zum 50 km entfernten B. In der Mitte der Strecke startet zur gleichen Zeit ein Läufer in Richtung B mit 12 km / h. Wann hat der Radfahrer den Läufer eingeholt?

b) Ein schräg stehender Mast soll durch eine Stütze abgestützt werden. Anfangs- und Endpunkt des Mastes sind A(0|0) und E(10|100). Die Stütze hat ihren Anfangspunkt in S(20|0). Wo liegt der Endpunkt der Stütze, wenn angenommen wird, dass sie senkrecht auf den Mast stößt?

Überprüfe die Übung mit Hilfe des Lösungsteils.

Du hast nun die Kapitel zu den Gleichungen und zu den Geraden durchgearbeitet. Lege jetzt erst einmal eine Pause von vier Wochen ein. Bearbeite dann die Klassenarbeit Nr. 2. Sie steht auf den Seiten 73–74 und ist als Wiederholung des gesamten Stoffes gedacht.
Lies dir vorher die Seiten 69–70 aufmerksam durch. Notiere das Datum dieser Wiederholung (heute in vier Wochen) in deinem Kalender.

Eine gute Vorbereitung: Klassenarbeiten zum Üben

Hier einige Tipps, die dir zugleich helfen, bessere Klassenarbeiten zu schreiben.

- Lies dir zunächst alle Aufgaben konzentriert und in Ruhe durch.
- Lege danach die Reihenfolge fest, in der du die Aufgaben bearbeiten willst. Es empfiehlt sich, mit einer Aufgabe zu beginnen, die du als einfach einschätzt. Die Lösung von Teilen der Arbeit gibt dir Sicherheit und Ruhe für die kniffligen Stellen.
- Beginne nicht sofort nach dem Durchlesen einer Aufgabe mit dem Rechenweg, sondern suche in Ruhe nach verschiedenen Lösungsmöglichkeiten, um einen besonders einfachen und kurzen Weg zur Lösung zu finden.
- Bei vielen Aufgaben hilft eine gute Veranschaulichung der Problemsituation durch eine Skizze oder ein Beispiel.
- Versuche auch Zwischenlösungen zu überprüfen. Das kann oft durch eine Skizze oder durch den Vergleich mit anderen Teillösungen geschehen.
- Kontrolliere die Lösung durch eine Probe. Das kann nicht immer durch eine Rechnung geschehen. Manchmal muss man eine Skizze zum Vergleich nehmen, oder das Ergebnis muss in einem größeren Zusammenhang ‹plausibel› erscheinen.
- Bei Stellen, an denen du nicht weiterkommst, solltest du nicht versuchen, dich ‹durchzuwühlen›. Es ist besser, zu einer anderen Teilaufgabe zu wechseln und später mit einem gewissen zeitlichen Abstand die Arbeit an der Problemstelle wieder aufzunehmen. Manchmal hilft auch eine kleine Entspannungspause, bei der man versucht, ganz abzuschalten.
- Da am Ende die Zensur normalerweise aus der Anzahl der erreichten Lösungspunkte bestimmt wird, ist es sehr zu empfehlen, alle gestellten Aufgaben zu bearbeiten, um an vielen Stellen Punkte zu sammeln. Es gibt auch für Teillösungen

Punkte. In der Summe kann man so mehr Punkte erreichen, als wenn man sich an einer Aufgabe festbeißt.

Zusammenfassung der Tipps für Klassenarbeiten

Alle Aufgaben in Ruhe durchlesen.
Eine Reihenfolge für die Bearbeitung festlegen.
Nach einem einfachen Lösungsweg suchen.
Veranschaulichungen suchen, Skizzen anfertigen.
Zwischenergebnisse absichern.
Proben durchführen.
Beim Stocken des Lösungsganges:
Wechseln zu einer anderen Aufgabe oder Entspannungspause einlegen.
Punkte bei allen gegebenen Aufgaben sammeln.

Klassenarbeit Nr. 1

Zeit:
90 Minuten

Vorbemerkungen

- Die 1. Klassenarbeit umfasst die Bereiche Terme, Termumformungen, Gleichungen und Ungleichungen.
- Die Aufgaben sind einfach bis mittelschwer.
- Als Bearbeitungsdauer sind 90 Minuten vorgesehen.
- Damit du die Bedeutung der einzelnen Aufgaben abschätzen kannst, sind jeweils Punktbewertungen angegeben.
- Schreibe die Aufgaben in dein Heft und löse sie ohne weitere Hilfen.
- Überprüfe deine Ergebnisse mit Hilfe des Lösungsteils.

Aufgabe 1 — 21 Punkte

Vereinfache die folgenden Terme.
Überprüfe die Gleichheit von Ausgangsterm und vereinfachtem Term durch Einsetzen von mehreren Zahlen für die Variablen.

a) $1 - x - 5 - (-4) - 3x - (3 - x)$ — 3 Punkte

b) $(-2x) + 2x - x(5 - 1)$ — 3 Punkte

c) $(xy - 3) - 2x + 3y - (-2x - xy)$ — 3 Punkte

d) $3(x - 4) - (2 - x)3 + (x - 1)(5 - 2)$ — 4 Punkte

e) $(a - c)(a + c) + c^2 - ac$ — 4 Punkte

f) $\frac{3 - x}{5} + \frac{4x}{3} - 5x$ — 4 Punkte

Aufgabe 2 — 16 Punkte

Löse die folgenden Gleichungen jeweils für die Definitionsmengen der natürlichen und der rationalen Zahlen. Mache jedes Mal die Probe.

a) $3x - 5 = -2x + 6$ — 5 Punkte

b) $x + 2(x - 4) = 2 - 2x + 5 + 4x$ — 5 Punkte

c) $-[x - (-x - 1) - x] - 1 = -x - 1$ — 6 Punkte

Aufgabe 3
18 Punkte

Bestimme möglichst große Definitionsmengen und löse die Gleichungen und die Ungleichung. Mache jedes Mal die Probe.

6 Punkte — a) $\frac{2}{3 - x} - 2 = 4$

6 Punkte — b) $\frac{3}{x + 1} = \frac{1}{2x - 4}$

6 Punkte — c) $-3x < 4(x + 5)$

Aufgabe 4
6 Punkte

Das Vierfache einer Zahl x ist um 5 größer als das Doppelte dieser Zahl. Wie heißt die Zahl? Löse diese Aufgabe, indem du zunächst den Aufgabentext in eine Gleichung für die Variable x übersetzt.

Bewertung

Du kannst insgesamt 61 Punkte erreichen. Pro Fehler musst du einen Punkt abziehen. Rechne nun deine Punkte zusammen.

Ich habe ____________ von 61 Punkten.

Nach diesem Bewertungsmaßstab kannst du deine Leistungen einschätzen.

Punkte	61 – 54	53 – 45	44 – 35	34 – 25	24 – 15	14 – 0
Zensur	1	2	3	4	5	6

Klassenarbeit Nr. 2

Zeit:
90 Minuten

Vorbemerkungen

- Die 2. Klassenarbeit umfasst die Bereiche Gleichungen, Ungleichungen und Geraden.
- Die Schwierigkeitsskala der Aufgaben reicht von einfach bis schwer.
- Als Bearbeitungsdauer sind 90 Minuten vorgesehen.
- Damit du die Bedeutung der einzelnen Aufgaben abschätzen kannst, sind jeweils Punktbewertungen angegeben.
- Schreibe die Aufgaben in dein Heft und löse sie ohne weitere Hilfen.
- Überprüfe deine Ergebnisse mit Hilfe des Lösungsteils.

Aufgabe 1

Je 4 Punkte = 8 Punkte

Löse auf der größtmöglichen Definitionsmenge.

a) $\frac{x-3}{x-4} = \frac{x-5}{x-6}$

b) $3x < \frac{9x-27}{3}$

Aufgabe 2

18 Punkte

Bestimme für die folgenden Geraden die Gleichungen und zeichne alle Geraden in ein Koordinatensystem.

a) Die Gerade g mit der Steigung 2 hat den y-Achsenabschnitt 3. — 3 Punkte

b) Die Gerade h hat die Steigung −2 und die Nullstelle 4. — 3 Punkte

c) Die Gerade k geht durch A(1|2) und B(−3|3). — 4 Punkte

d) Die Gerade s geht durch C(3|3) und ist senkrecht zu h. — 4 Punkte

e) Die Gerade t ist parallel zu k und geht durch (0|−1). — 4 Punkte

Aufgabe 3
10 Punkte

Die Gerade h geht durch A (0|0) und D (2|8). Durch B (6|1) soll eine Gerade k so gelegt werden, dass sie zu h senkrecht ist. Wo schneidet k die Gerade h?

Hinweis

Zur Veranschaulichung der Zusammenhänge ist es sinnvoll, vor dem Rechnen eine Skizze für die gegebene Gerade und die gesuchte Gerade anzufertigen.
Kontrolliere das Ergebnis mit einem Winkelmesser und durch Ablesen der Schnittpunktkoordinaten in der Skizze.

Aufgabe 4
12 Punkte

Steffi und Frank fahren Motorrad. Sie wollen von Stadt A nach der 80 Kilometer entfernten Stadt B fahren. Steffi startet um 12 Uhr und fährt mit einer Durchschnittsgeschwindigkeit von 70 km / h. Wann muss Frank losfahren, damit er bei einer Durchschnittsgeschwindigkeit von 91 km / h zur gleichen Zeit ankommt wie Steffi?

Hinweis

Orientiere dich über das Problem mit einer Skizze in einem s, t-Koordinatensystem.

Bewertung

Du kannst insgesamt 48 Punkte erreichen. Pro Fehler musst du einen Punkt abziehen. Rechne nun deine Punkte zusammen.

Ich habe ________ von 48 Punkten.

Nach diesem Bewertungsmaßstab kannst du deine Leistungen einschätzen.

Punkte	48 – 42	41 – 35	34 – 28	27 – 21	20 – 14	13 – 0
Zensur	1	2	3	4	5	6

Zum Vergleichen: Die Lösungen

Terme und Termumformungen

Seite 10

Hinweise zum Beispiel

$a[2 + (a-3)] + a$ ergibt mit $a = 1$: $1[2 + (1-3)] + 1 = 1[2-2] + 1 = 0 + 1 = 1$.
$y = 2x$, $a = 2$, $12 < 14$ enthalten Vergleichszeichen und $(1;2)$ bezeichnet keine Zahl, sondern ein Zahlenpaar.

Seite 14

Lösungen zu Übung 1

a) $2 + 2{,}5 - 2 + a - 2{,}5 - a = 2 + 2{,}5 - 2 - 2{,}5 + a - a = 0$

b) $(2 + x) - (3 - 2x) = 2 + x - 3 + 2x = 2 - 3 + x + 2x = -1 + 3x$

c) $[1 - 2(3 - x) + (1 - x)] = 1 - 2(3 - x) + 1 - x = 1 - 6 + 2x + 1 - x$
$= 1 - 6 + 1 + 2x - x = -4 + x$

d) $(3 - a)(-2 + b) + ba + 6 = -6 + 3b + 2a - ab + ba + 6 = 3b + 2a$

e) $2(a - 3) + ab - a - b + a3b - ba2 = 2a - 6 + ab - a - b + 3ab - 2ab$
$= a - 6 + 2ab - b$

f) $\frac{18}{6} - 4 + \frac{2a}{a} + (y - 1)(a - 1)$
$= 3 - 4 + 2 + ya - y - a + 1 = 2 + ay - y - a$

g) $\frac{\frac{8}{2}}{a} - \frac{2}{a} + \frac{b}{3} \cdot \frac{3}{b} = \frac{4}{a} - \frac{2}{a} + 1 = \frac{2}{a} + 1$

h) $(x - 2)(2 - x) - x^2 + 4x = 2x - x^2 - 4 + 2x - x^2 + 4x = 8x - 2x^2 - 4$

i) $3x + 3xy + 3xyz - x - yx2 - zyx = 2x + xy + 2xyz$

k) $2(1 - (2 - (3 - (4 - (-5) - 4) - 3) - 2) - 1)$
$= 2(1 - (2 - (3 - (5) - 3) - 2) - 1)$
$= 2(1 - (2 - (-5) - 2) - 1) = 2(1 - (5) - 1) = 2(-5) = -10$

l) $\frac{(2 - x) \cdot 63}{3} + \frac{7x}{6} = \frac{2(2 - x) \cdot 63}{6} + \frac{7x}{6} = \frac{252 - 126x + 7x}{6} = \frac{252 - 119x}{6} = 42 - \frac{119x}{6}$

↑ Zähler und Nenner werden mit 2 multipliziert, um auf den Hauptnenner zu kommen.

Tipp

Nicht vergessen: minus · minus = plus.

Tipp

Du kannst deinen Lösungsweg auch in kleineren Schritten anlegen.

Seite 19

Lösungen zu Übung 2

a) $(1 + a + b - c)(1 - a) = 1(1 + a + b - c) - a(1 + a + b - c)$
$= 1 + a + b - c - a - a^2 - ab + ac = 1 + b - c - a^2 - ab + ac$

b) $x^2 - 2xy + y^2 = (x - y)^2$ (2. Binomische Formel)

c) $y^2 - x^2 = (y - x)(y + x)$ (3. Binomische Formel)

d) $(ab)^2 + 2abcd + c^2d^2 = (ab + cd)^2$ (1. Binomische Formel)

Bearbeite Aufgaben, bei denen du zu falschen Lösungen gekommen bist, noch einmal.

Seite 20 **Lösungen zu Übung 3**

1a), 1b), 1d) sind Terme, denn nach dem Einsetzen von Zahlen für die Variablen und dem Ausrechnen ergeben sich Zahlen.

1d) ergibt stets 0.

1c) ist kein Term, denn das Gleichheitszeichen ist im Ausdruck enthalten (vergleiche Seite 10).

2a) $3 - [(-3) - (3) - (-3)] - 3 = 3 - [-3 - 3 + 3] - 3 = 3 - [-3] - 3 = 3 + 3 - 3 = 3$

2b) $-2(3 + (-2))[5 - (2 + (-3))] = -2(3 - 2)[5 - (-1)] = -2[6] = -12$

2c) $-3y + 4a - y + (-4a) + y + 2y + 2ya - (a + 2ay)$

$= -3y - y + y + 2y + 4a - 4a - a + 2ya - 2ay = -y - a$

(Vergleiche die Seiten 11, 12 und 15–16.)

3a) $(3 + x)(3 - x) = 9 - x^2$ (3. Binomische Formel)

3b) $9 - x^2 = (3 + x)(3 - x)$ (3. Binomische Formel)

3c) $16 + 4a^2 + 16a = 4^2 + 2 \cdot 4 \cdot 2a + (2a)^2 = (4 + 2a)^2$ (1. Binomische Formel)

(Vergleiche die Seiten 16 und 17.)

4a) $(1 + 2x + 3y)(-3y + 1 - 3x)$

$= 1(-3y + 1 - 3x) + 2x(-3y + 1 - 3x) + 3y(-3y + 1 - 3x)$

$= -3y + 1 - 3x - 2x3y + 2x - 2x3x - 3y3y + 3y - 3y3x$

$= -3y + 3y + 1 - 3x + 2x - 2x3y - 3y3x - 2x3x - 3y3y$

$= 1 - x - 15xy - 6x^2 - 9y^2$

4b) $(a - 2)(2 + b)(c + 1) = [a2 + ab - 4 - 2b](c + 1)$

$= 2ac + abc - 4c - 2bc + 2a + ab - 4 - 2b.$

4c) $2x + 3x - x - 5x + xy = x(2 + 3 - 1 - 5 + y) = x(y - 1)$

4d) $2ax + 3a + 2bx + 3b = a(2x + 3) + b(2x + 3) = (2x + 3)(a + b)$

(Vergleiche die Seiten 18 und 19.)

Aussagen, Aussageformen, Gleichungen

Seite 25 **Lösungen zu Übung 4**

a) $3 = 4 - 2$ ist eine Gleichung und eine Aussage (allerdings eine falsche).

b) $x = 3$ ist eine Lösung von $x = 2x + (-3)$ und $x = 3$.

c) $3x = +$ ist Unsinn, ein nicht korrekt geschriebener Text.

d) $x \cdot x = 4$ hat als Lösungen 2 und -2, wie eine Probe zeigt.

e) $3 : 0 = x$ ist keine sinnvolle Gleichung, weil $\frac{3}{0}$ kein Ausdruck für eine Zahl ist.

Äquivalenzumformungen

Seite 30 **Lösungen zu Übung 5**

a) $3x - x = 3 - x \quad | + x$

$\Leftrightarrow 3x = 3 \quad | : 3$

$\Leftrightarrow x = 1$

Probe: $3 \cdot 1 - 1 = 3 - 1$

b) $0{,}3x + 1{,}2 = -0{,}7x + 1 \quad | - 1$

$\Leftrightarrow 0{,}3x + 0{,}2 = -0{,}7x \quad | - 0{,}3x$

$\Leftrightarrow 0{,}2 = -x \quad | \cdot (-1)$

$\Leftrightarrow -0{,}2 = x$

Probe: $0{,}3(-0{,}2) + 1{,}2 = -0{,}7(-0{,}2) + 1$

c) $(x-1)(2+x) = x^2$ | links ausmultiplizieren
$\Leftrightarrow$ $2x + x^2 - 2 - x = x^2$ | $-x^2$, dann links zusammenfassen
$\Leftrightarrow$ $x - 2 = 0$ | $+2$
$\Leftrightarrow$ $x = 2$
Probe: $(2-1)(2+2) = 4$

d) $4(2x+3) = 24x + 4$ | links ausmultiplizieren
$\Leftrightarrow$ $8x + 12 = 24x + 4$ | $-8x$
$\Leftrightarrow$ $12 = 16x + 4$ | -4
$\Leftrightarrow$ $8 = 16x$ | $:16$
$\Leftrightarrow$ $\frac{1}{2} = x$
Probe: $4(2 \cdot \frac{1}{2} + 3) = 24 \cdot \frac{1}{2} + 4$

Tipp

Du kannst deinen Lösungsweg auch in kleineren Schritten anlegen.

Lösungen zu Übung 6

Seite 34

a) $2x - 2 - 3x - 3 = 4x + 4, x \in \mathbb{Q}$
$\Leftrightarrow$ $2x - 2 - 3x - 3 = 4x + 4$ | identische Umformungen links
$\Leftrightarrow$ $-x - 5 = 4x + 4$ | $-4x$
$\Leftrightarrow$ $-5x - 5 = 4$ | $+5$
$\Leftrightarrow$ $-5x = 9$ | $:(-5)$
$\Leftrightarrow$ $x = -\frac{9}{5}$

$-\frac{9}{5}$ ist aus der Definitionsmenge, also ist die Zahl eine Lösung.

Probe:

Linke Seite: $2(-\frac{9}{5}) - 2 - 3(-\frac{9}{5}) - 3 = -\frac{16}{5}$

Rechte Seite: $4(-\frac{9}{5}) + 4 = -\frac{16}{5}$

b) $2 + 0{,}2x + 8{,}8x = 9x - 3, x \in \mathbb{Q}$
$\Leftrightarrow$ $2 + 0{,}2x + 8{,}8x = 9x - 3$ | identische Umformung links
$\Leftrightarrow$ $2 + 9x = 9x - 3$ | $-9x$
$\Leftrightarrow$ $2 = -3$
Das ist für alle möglichen x-Werte falsch – keine Lösung.

c) $(2-x)3 = 4(2x-5) + x - 2, x \in \mathbb{N}$
$\Leftrightarrow$ $(2-x)3 = 4(2x-5) + x - 2$ | identische Umformungen links und rechts
$\Leftrightarrow$ $6 - 3x = 8x - 20 + x - 2$ | identische Umformungen rechts
$\Leftrightarrow$ $6 - 3x = 9x - 22$ | $+3x + 22$
$\Leftrightarrow$ $28 = 12x$ | $:12$ und kürzen
$\Leftrightarrow$ $\frac{7}{3} = x$

Es gibt keine Lösung, da $\frac{7}{3}$ nicht aus der Definitionsmenge stammt.

Bearbeite Aufgaben, bei denen du zu falschen Lösungen gekommen bist, noch einmal.

d) $x(x-2) - 2x - x^2 = 4{,}5 - 3x, x \in \mathbb{Q}$

$\Leftrightarrow x(x-2) - 2x - x^2 = 4{,}5 - 3x$ | identische Umformungen links

$\Leftrightarrow x^2 - 2x - 2x - x^2 = 4{,}5 - 3x$ | identische Umformungen links

$\Leftrightarrow -4x = 4{,}5 - 3x$ | $+3x$

$\Leftrightarrow -x = 4{,}5$ | $\cdot(-1)$

$\Leftrightarrow x = -4{,}5$

$-4{,}5$ ist aus der Definitionsmenge, also ist die Zahl eine Lösung.

Probe:

linke Seite: $(-4{,}5)(-6{,}5) + 9 - 20{,}25 = 18$

rechte Seite: $4{,}5 + 13{,}5 = 18$

Seite 37 **Lösungen zu Übung 7**

a) $4 = \frac{5}{x-6}$

Maximale Definitionsmenge:

Es gibt einen Nenner mit der Variablen x. Die Nullstelle des Nenners kann nicht zu D gehören. Es gilt: $x - 6 = 0 \Leftrightarrow x = 6$. Also ist $D = \mathbb{Q} \setminus \{6\}$. Das sind alle rationalen Zahlen ohne 6.

Lösung:

$4 = \frac{5}{x-6}$ | $\cdot(x-6)$

$\Leftrightarrow 4(x-6) = 5$ | links ausmultiplizieren

$\Leftrightarrow 4x - 24 = 5$ | $+24$

$\Leftrightarrow 4x = 29$ | $:4$

$\Leftrightarrow x = \frac{29}{4}$

Probe:

Lösung eingesetzt in die rechte Seite der Gleichung:

$$\frac{5}{\frac{29}{4} - 6} = \frac{5}{\frac{29-24}{4}} = \frac{5}{\frac{5}{4}} = \frac{5 \cdot 4}{5} = 4$$

Der Wert stimmt mit der linken Gleichungsseite überein, also bestätigt die Probe die Lösung $\frac{29}{4}$.

b) $\frac{3x}{2(x+5)} = 1 + 2{,}5 - \frac{7}{2}$

Maximale Definitionsmenge:

Die Nullstelle des Nenners mit der Variablen x muss aus D ausgeschlossen werden: $2(x+5) = 0 \Leftrightarrow x + 5 = 0 \Leftrightarrow x = -5$.

Damit gilt $D = \mathbb{Q} \setminus \{-5\}$. Das ist die Menge aller rationalen Zahlen ohne -5.

Tipp

Du kannst deinen Lösungsweg auch in kleineren Schritten anlegen.

Lösung:

$\frac{3x}{2(x+5)} = 1 + 2{,}5 - \frac{7}{2}$ | rechts zusammenfassen

$\Leftrightarrow \frac{3x}{2(x+5)} = 0$ | $\cdot 2(x+5)$

$\Leftrightarrow 3x = 0$ | $:3$

$\Leftrightarrow x = 0$

Probe:

$x = 0$ in die linke Gleichungsseite eingesetzt ergibt 0, ebenso wie nach dem Zusammenfassen rechts. Die Probe bestätigt die Lösung.

Lösungen zu Übung 8

Seite 39

a) $3x - 2(x + 1) < 2x + 5$ | links ausmultiplizieren
$\Leftrightarrow 3x - 2x - 2 < 2x + 5$ | links zusammenfassen
$\Leftrightarrow x - 2 < 2x + 5$ | $-2x$
$\Leftrightarrow -x - 2 < 5$ | $+2$
$\Leftrightarrow -x < 7$ | $\cdot(-1)$
$\Leftrightarrow x > -7$
Da $D = \mathbb{N}$ gilt und alle natürlichen Zahlen größer als -7 sind,
ist $L = \mathbb{N}$.

b) $2 - 4x > (2x - 3)2$ | rechts ausmultiplizieren
$\Leftrightarrow 2 - 4x > 4x - 6$ | $-4x$
$\Leftrightarrow 2 - 8x > -6$ | -2
$\Leftrightarrow -8x > -8$ | $:(-8)$
$\Leftrightarrow x < 1$
Da $D = \mathbb{Q}$ gilt, sind alle rationalen Zahlen Lösungen, die kleiner als 1 sind.
$L = \{x | x < 1\}$

c) $-3(x + 2) < -12x$ | links ausmultiplizieren
$\Leftrightarrow -3x - 6 < -12x$ | $+12x$
$\Leftrightarrow 9x - 6 < 0$ | $+6$
$\Leftrightarrow 9x < 6$ | $:9$
$\Leftrightarrow x < \frac{2}{3}$
Da $D = \mathbb{N}$ gilt, hat die Ungleichung als einzige Lösung 0, denn es gibt keine weitere natürliche Zahl, die kleiner als $\frac{2}{3}$ ist.
$L = \{0\}$

Lösungen zu Übung 9

Zuordnungen und Funktionen

Seite 45

a) Jeder ganzen Zahl wird eindeutig eine Zahl, die 1, zugeordnet.
Die Definitionsmenge ist die Menge der ganzen Zahlen.
Die Wertemenge ist $\{1\}$, sie enthält also nur das Element 1.
Die Zuordung ist eine Funktion mit der Gleichung $y = 1$.
Der Graph der Funktion ist eine Menge von Einzelpunkten.

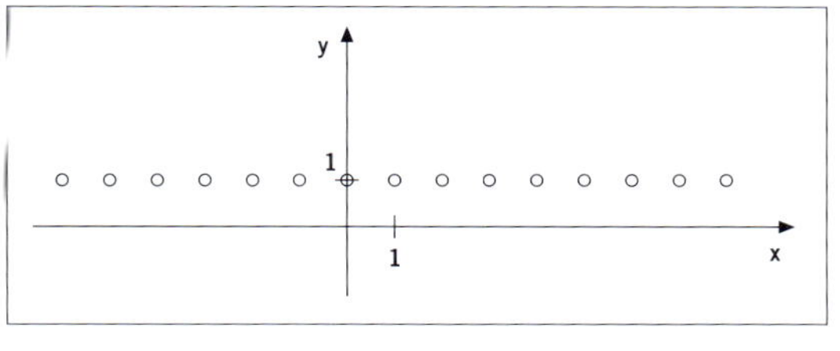

Bearbeite Aufgaben, bei denen du zu falschen Lösungen gekommen bist, noch einmal.

b) Jeder natürlichen Zahl x wird die Hälfte von x zugeordnet, z. B. wird der 4 die 2 zugeordnet (siehe Graph). Die Definitionsmenge ist $\mathbb{N} = \{0, 1, 2, 3, 4, \ldots\}$.
Die Wertemenge ist $\{0, \frac{1}{2}, 1, \frac{3}{2}, 2, \frac{5}{2} \ldots\}$.
Die Wertemenge erhält man, indem jede Zahl aus der Definitionsmenge durch 2 geteilt wird.
Die Zuordnung ist eine Funktion $x \rightarrow \frac{x}{2}$ mit der Gleichung $y = \frac{x}{2}$ und dem folgenden Graphen:

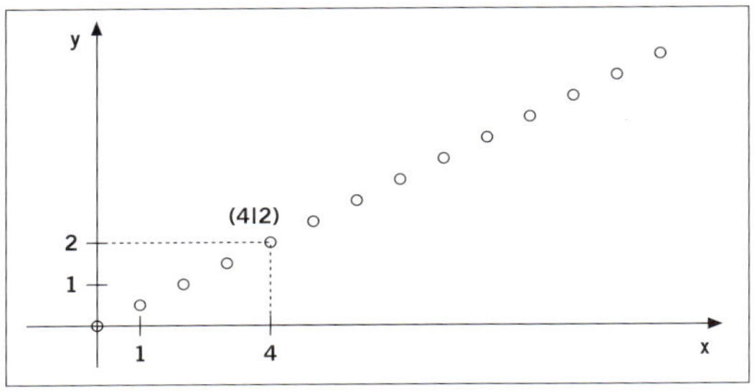

c) Jeder rationalen Zahl r wird die größte ganze Zahl zugeordnet, die kleiner oder gleich r ist.
Die Definitionsmenge ist die Menge der rationalen Zahlen. Die Wertemenge ist die Menge der ganzen Zahlen.
Die Zuordnung ist eine Funktion. Dabei wird jeder ganzen Zahl die Zahl selber zugeordnet (z. B.: $3 \rightarrow 3$). Für die anderen Zahlen erhält man die zugeordneten Werte, indem man auf der Zahlengeraden bis zur nächsten ganzen Zahl nach links geht. Beispiel: $4{,}6 \rightarrow 4$.

Der Graph der Funktion:

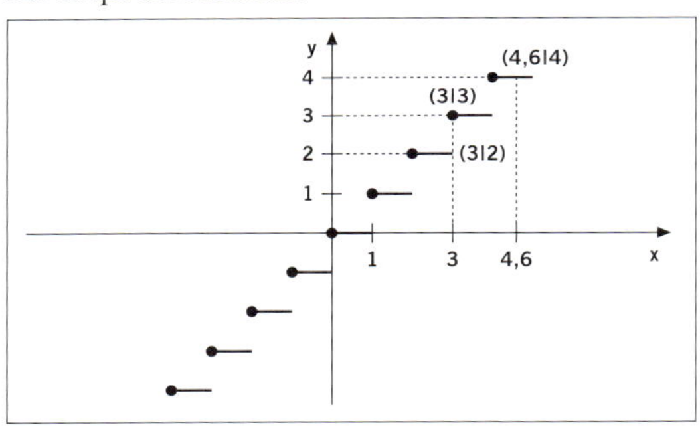

Der dicke Punkt am Ende einer Teilstrecke gibt an, dass er zum Graphen gehört, während das Ende ohne Punkt anzeigt, dass der ‹letzte› Punkt auf der Strecke nicht mehr zum Graphen gehört. Zum Graphen gehört also (3|3), aber nicht (3|2).

d) Den Wochentagen von Montag bis Sonntag werden die Zahlen 1 bis 7 zugeordnet. Die Definitionsmenge enthält als Elemente die Wochentage Montag, Dienstag, …, Sonntag.
Die Wertemenge ist die Menge $\{1, 2, 3, 4, 5, 6, 7\}$.
Die Zuordnung ist eine Funktion. Da die Elemente der Definitionsmenge keine Zahlen sind, gibt es keine Gleichung mit Zahlvariablen.

Lösungen zu Übung 10

Geraden

Seite 51

In A gilt $\Delta x = 2$ und $\Delta y = -3$, also ist die Steigung $-\frac{3}{2}$.

In B gilt $\Delta x = 2$ und $\Delta y = 4$, also ist die Steigung $\frac{4}{2} = 2$.

In C gilt $\Delta x = 6$ und $\Delta y = 3$, also ist die Steigung $\frac{3}{6} = \frac{1}{2}$.

In D gilt $\Delta x = 3$ und $\Delta y = \frac{3}{2}$, also ist die Steigung $\frac{3}{2 \cdot 3} = \frac{1}{2}$.

Da C und D Steigungsdreiecke für dieselbe Gerade sind, ist klar, dass sich dieselbe Steigung ergibt.
Beim Vergleichen der errechneten Steigung mit dem Faktor vor dem x in der jeweiligen Geradengleichung erkennt man, dass beide dieselbe Zahl ergeben.

Lösungen zu Übung 11

Seite 56

a) Die Gerade g geht durch (– 1|1) und (6|–6).
Mit den gegebenen Punkten wird ein Steigungsdreieck gebildet. Es ergibt sich $\Delta y = (-6) - 1 = -7$ und $\Delta x = 6 - (-1) = 7$.

Die Steigung der Geraden ist also $\frac{\Delta y}{\Delta x} = -\frac{7}{7} = -1$.

Die Geradengleichung hat die Form $y = -x + b$. Mit (–1|1) ergibt sich $1 = -(-1) + b \Leftrightarrow b = 0$. Also ist $y = -x$ die Geradengleichung für g.

b) Die Gerade h hat die Steigung 1 und geht durch (2|4). Die Gleichung der Geraden hat die Form $y = 1x + b$. Mit (2|4) ergibt sich aus dieser Gleichung $4 = 2 + b \Leftrightarrow b = 2$. Also hat h die Gleichung $y = x + 2$.

c) Die Gerade k hat den y-Achsenabschnitt 5 und schneidet die x-Achse bei (4|0).
Mit dem y-Achsenabschnitt hat die Geradengleichung die Form $y = mx + 5$.
Mit (4|0) ergibt sich daraus die Gleichung $0 = m4 + 5 \Leftrightarrow m = -\frac{5}{4}$. Damit hat k die Gleichung $y = -\frac{5}{4}x + 5$.

d) Die Gerade r geht durch die Punkte (5|0) und (0|–4).
Mit den beiden Punkten der Geraden wird ein Steigungsdreieck gebildet. Es ergibt sich $\Delta y = (-4) - 0 = -4$ und $\Delta x = 0 - 5 = -5$. Daraus folgt $m = \frac{-4}{-5} = \frac{4}{5}$. Da der y-Achsenabschnitt –4 ist, ergibt sich für k die Geradengleichung $y = \frac{4}{5}x - 4$.

Tipp

Der Punkt (0|–4) lässt direkt den y-Achsenabschnitt erkennen.

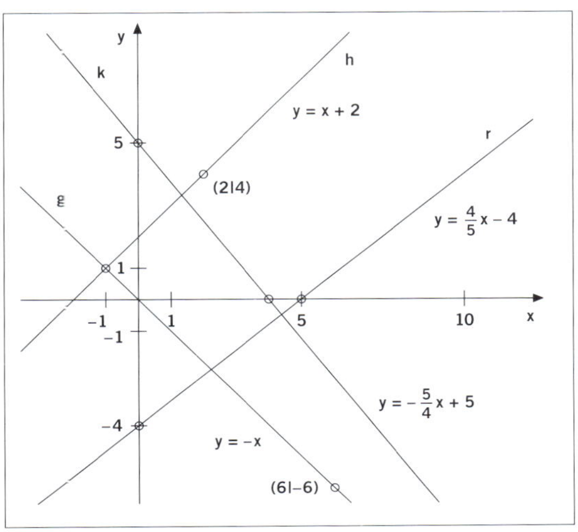

Bearbeite Aufgaben, bei denen du zu falschen Lösungen gekommen bist, noch einmal.

Seite 59 **Lösungen zu Übung 12**

Schnittpunkt von g mit h:

$2x + 6 = -5x + 5 \Leftrightarrow x = -\frac{1}{7}$. Also $x \approx -0{,}14$.

Mit $y = 2x + 6$ und dem errechneten x-Wert $(-\frac{1}{7})$ ergibt sich für die y-Koordinate des Schnittpunktes $y = 2(-\frac{1}{7}) + 6 = \frac{40}{7} \approx 5{,}7$.

Damit ist der Schnittpunkt angenähert $(-0{,}14|5{,}7)$.

Schnittpunkt von g und f:

$2x + 6 = \frac{1}{2}x - 1 \Leftrightarrow x = -\frac{14}{3}$. Also $x \approx -4{,}7$.

Mit $y = 2x + 6$ und dem errechneten x-Wert $(-\frac{14}{3})$ ergibt sich für die y-Koordinate des Schnittpunktes $y = 2(-\frac{14}{3}) + 6 = -\frac{10}{3} \approx -3{,}3$.

Damit ist der Schnittpunkt angenähert $(-4{,}7|-3{,}3)$.

Schnittpunkt von f und h:

$\frac{1}{2}x - 1 = -5x + 5 \Leftrightarrow x = \frac{12}{11}$. Also $x \approx 1{,}1$.

Mit $y = -5x + 5$ und dem errechneten x-Wert $(\frac{12}{11})$ ergibt sich für die y-Koordinate des Schnittpunktes $y = -5(\frac{12}{11}) + 5 = -\frac{5}{11} \approx -0{,}45$.

Damit ist der Schnittpunkt angenähert $(1{,}1|-0{,}45)$.

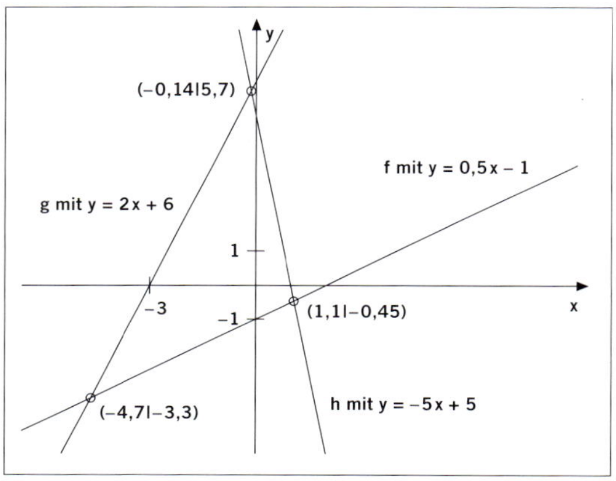

Seite 61 **Lösungen zu Übung 13**

a) Die Produkte von jeweils zwei Steigungen werden ermittelt. Für g und u ergibt sich $2 \cdot (-\frac{1}{2}) = -1$. Ebenso ergibt das Produkt für h und v $(-2)(\frac{1}{2}) = -1$. Damit sind g und u sowie h und v senkrecht zueinander.

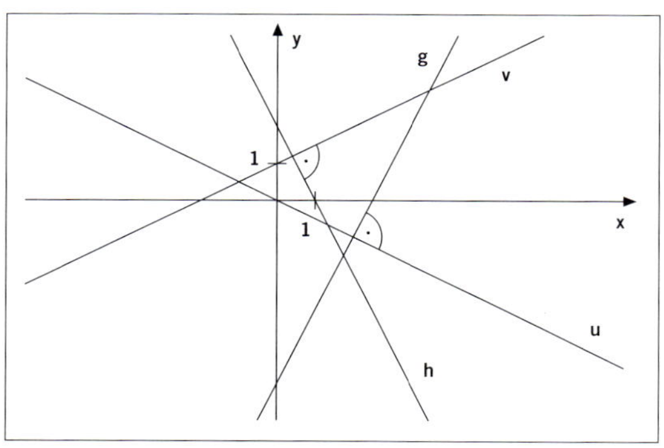

b) 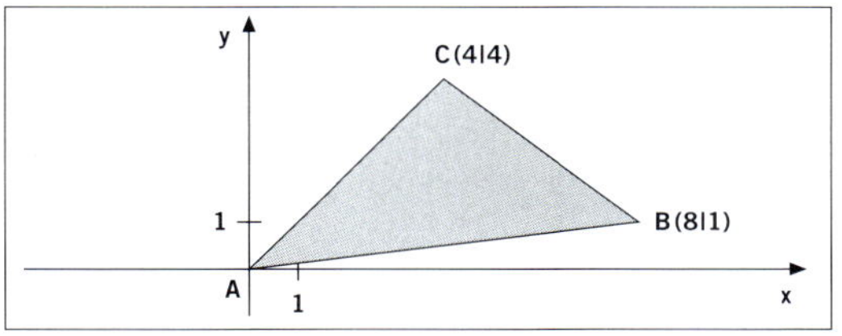

Nach der Skizze kann allenfalls der Winkel bei C ein rechter Winkel sein. Damit ergibt sich der folgende Lösungsweg:
Zunächst werden die Steigungen der Geraden AC und CB bestimmt. Dann wird geprüft, ob das Produkt der Steigungen −1 ergibt.
Mit Hilfe von A und C ergibt sich ein Steigungsdreieck für AC. Dabei gilt $\Delta y = 4 - 0 = 4$ und $\Delta x = 4 - 0 = 4$.

Also ist die Steigung von AC $\frac{\Delta y}{\Delta x} = \frac{4}{4} = 1$.

Analog ergibt sich für CB $\Delta y = 1 - 4 = -3$ und $\Delta x = 8 - 4 = 4$.

CB hat die Steigung $\frac{\Delta y}{\Delta x} = -\frac{3}{4}$.

Das Produkt beider Steigungen ist $1 \cdot (-\frac{3}{4}) = -\frac{3}{4}$. Da sich nicht −1 ergibt, ist der Winkel bei C kein rechter Winkel.

Lösungen zu Übung 14

Seite 68

a) 1. Lösungsschritt:
Aus der Physik ist bekannt, dass sich der Zusammenhang von Zeit t und zurückgelegtem Weg s mit Geraden veranschaulichen lässt.
2. Lösungsschritt:
Die Zusammenhänge werden in einem t, s-Koordinatensystem veranschaulicht. Dabei wird auf der waagerechten Achse die Zeit t in Stunden aufgetragen und auf der senkrechten Achse wird der Abstand s von A aufgetragen.
Der Radfahrer startet in A (0|0) und ist nach einer Stunde in P (1|30). Die Gerade AP beschreibt den Weg des Radfahrers.
Der Läufer startet ebenfalls bei t = 0. Sein Abstand s von A ist dann aber 25 km. Also ist der Startpunkt des Läufers L (0|25). Nach einer Stunde hat der Läufer 12 km zurückgelegt. Er befindet sich dann also im Punkt T (1|25 + 12). Die Gerade LT beschreibt den Weg des Läufers. Mit den Punkten für die Geraden ergibt sich die folgende Skizze zur Veranschaulichung der Zusammenhänge.

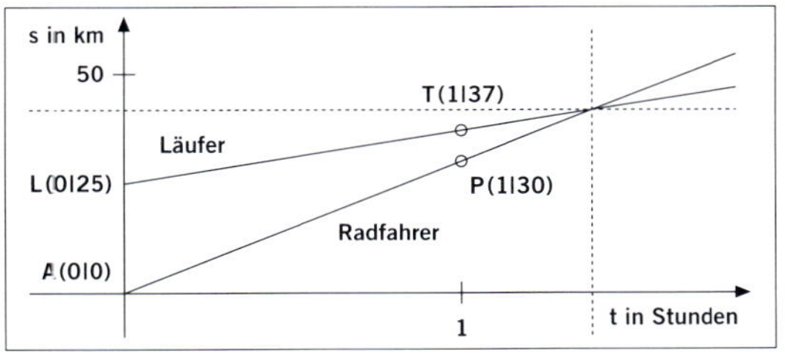

An der Skizze erkennt man, dass die s-Koordinate des Geradenschnittpunktes die Strecke angibt, nach der der Radfahrer den Läufer eingeholt hat.

Hinweis

Kontrolliere deine Rechenergebnisse mit dieser Skizze.

Bearbeite Aufgaben, bei denen du zu falschen Lösungen gekommen bist, noch einmal.

3. Lösungsschritt:
Es werden die Geradengleichungen bestimmt und der Geradenschnittpunkt wird errechnet.

Geradengleichung für den Läufer
Da $v = 12$ gegeben ist, hat die Geradengleichung zu LT die Form $s = 12t + b$.
Mit den Koordinaten von L ergibt sich $25 = 12 \cdot 0 + b \Leftrightarrow b = 25$ (man könnte den s-Achsenabschnitt auch direkt ablesen). Die Geradengleichung des Läufers ist also $s = 12t + 25$.

Geradengleichung für den Radfahrer
Die Gerade geht durch A (0|0) und P (1|30). Sie hat die Steigung $v = 30$ und den s-Achsenabschnitt 0. Damit heißt die Geradengleichung $s = 30t$.

Als t-Koordinate des Schnittpunkts erhält man mit dem Gleichsetzungsverfahren $12t + 25 = 30t \Leftrightarrow t = \frac{25}{18}$. Also $t \approx 1{,}39$. Die s-Koordinate ergibt sich am einfachsten aus der Gleichung für den Radfahrer $s = 30\frac{25}{18} \approx 41{,}67$.
Nach etwa 41,67 km hat der Radfahrer den Läufer eingeholt.

b) 1. Lösungsschritt
Es werden keine außermathematischen Kenntnisse benötigt.
2. Lösungsschritt
In einem x, y-Koordinatensystem werden die Zusammenhänge veranschaulicht.

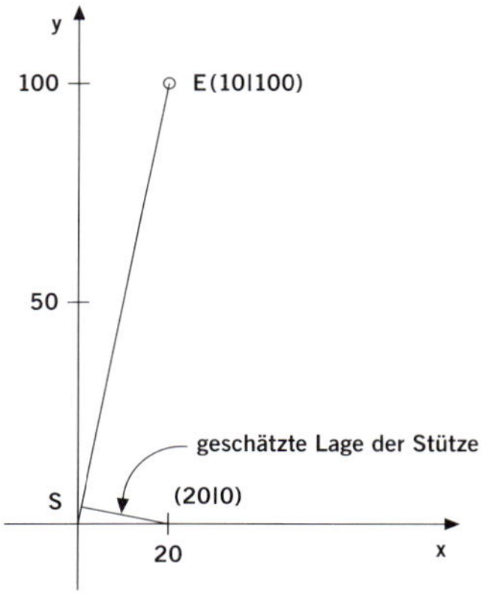

3. Lösungsschritt
Geradengleichung für den Mast
Die Punkte (0|0) und (10|100) sind von dieser Geraden gegeben. Also ergibt sich als Geradengleichung $y = 10x$.

Bearbeite Aufgaben, bei denen du zu falschen Lösungen gekommen bist, noch einmal.

Geradengleichung für die Stütze
Sie soll senkrecht zum Mast sein. Das Produkt der Steigungen von Mast und

Stütze muss also –1 sein. Man erhält als Gleichung für die Steigung r der Stütze $-1 = 10r \Leftrightarrow r = -0{,}1$. Die Geradengleichung hat damit die Form $y = -0{,}1\,x + b$. Mit dem Geradenpunkt (20|0) ergibt sich $0 = -0{,}1 \cdot 20 + b \Leftrightarrow b = 2$. Also ist die Geradengleichung $y = -0{,}1\,x + 2$.

Abstützpunkt ist der Schnittpunkt der beiden Geraden.
Dafür gilt $-0{,}1\,x + 2 = 10\,x \Leftrightarrow x = \frac{2}{10{,}1} \approx 0{,}2$.
Den y-Wert erhält man am einfachsten aus der Mastgleichung $y = 10 \cdot \frac{2}{10{,}1} \approx 1{,}98$.
In der Höhe von etwa 1,98 m trifft die Stütze auf den Mast.

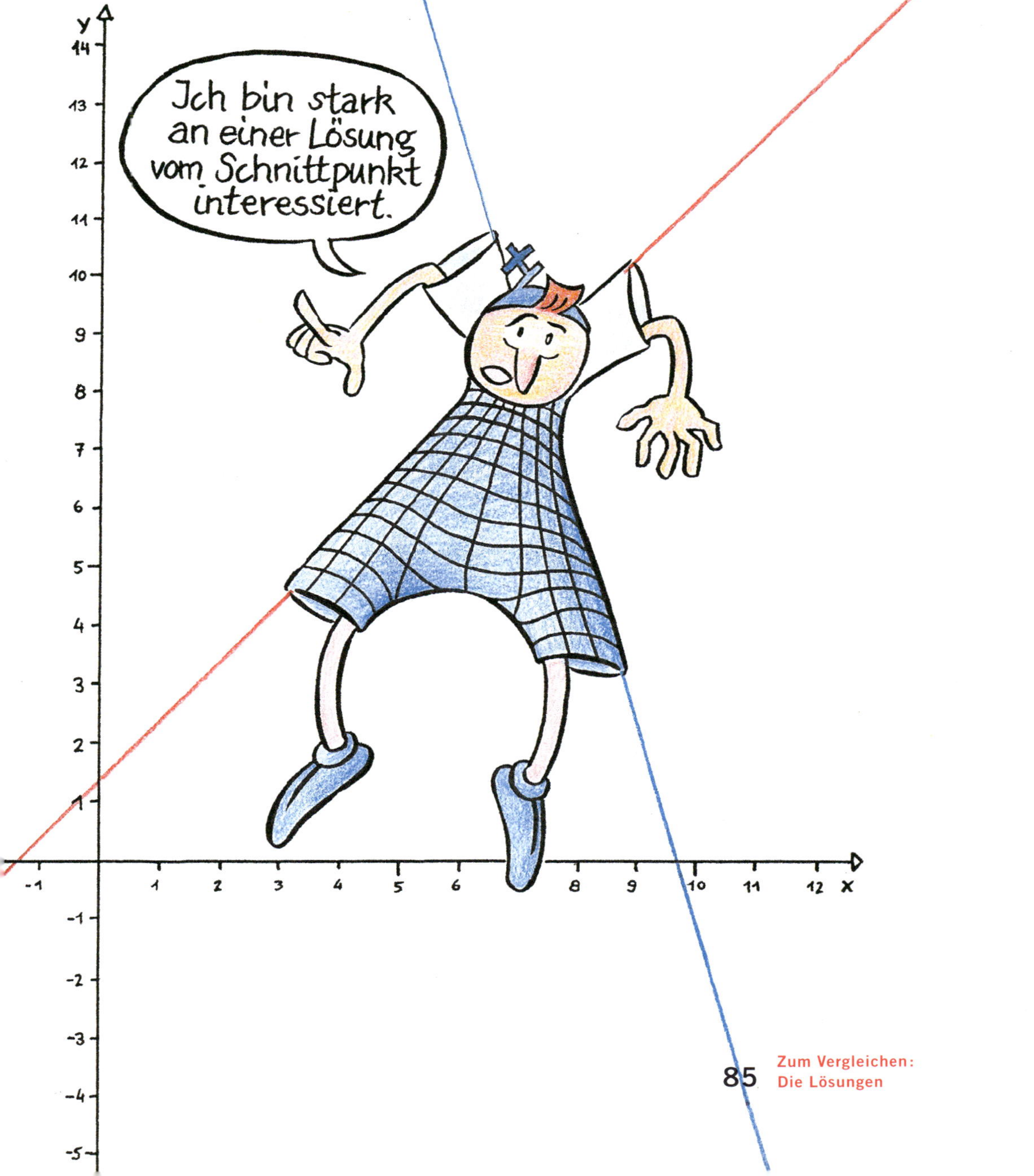

Seite 71–72 Klassenarbeit Nr. 1

Seite 71 Aufgabe 1

a) $1 - x - 5 - (-4) - 3x - (3 - x)$ Klammern beseitigen

$= 1 - x - 5 + 4 - 3x - 3 + x$ Umordnen der Terme

$= 1 - 5 + 4 - 3 - x - 3x + x$ Zusammenfassen der Terme

$= -3 - 3x$

Probe mit $x = 1$:

Gegebener Term: $1 - 1 - 5 - (-4) - 3 - (3 - 1) = 1 - 1 - 5 + 4 - 3 - 2 = -6$

Vereinfachter Term: $-3 - 3(1) = -6$

Probe mit $x = -2$:

Gegebener Term: $1 - (-2) - 5 - (-4) - 3(-2) - (3 - (-2))$

$= 1 + 2 - 5 + 4 + 6 - 5 = 3$

Vereinfachter Term: $-3 - 3(-2) = -3 + 6 = 3$

b) $(-2x) + 2x - x(5 - 1)$ 1. Klammer weglassen, 2. Klammer ausrechnen

$= -2x + 2x - 4x$ Alle x-Terme zusammenfassen

$= -4x$

Probe mit $x = 3$:

Gegebener Term: $(-2 \cdot 3) + 2 \cdot 3 - 3(5 - 1) = -6 + 6 - 3 \cdot 4 = -12$

Vereinfachter Term: $-4 \cdot 3 = -12$

Probe mit $x = -3$:

Gegebener Term: $(-2 \cdot (-3)) + 2 \cdot (-3) - (-3)(5 - 1) = 6 - 6 + 3 \cdot 4 = 12$

Vereinfachter Term: $-4 \cdot (-3) = 12$

c) $(xy - 3) - 2x + 3y - (-2x - xy)$ Klammern beseitigen

$= xy - 3 - 2x + 3y + 2x + xy$ Terme mit gleichen Variablenkombinationen zusammenrücken

$= xy + xy - 3 - 2x + 2x + 3y$ Zusammenfassen

$= 2xy - 3 + 3y$

Probe mit $x = 1$ und $y = 4$:

Gegebener Term: $(1 \cdot 4 - 3) - 2 \cdot 1 + 3 \cdot 4 - (-2 \cdot 1 - 1 \cdot 4) = 1 - 2 + 12 + 6 = 17$

Vereinfachter Term: $2 \cdot 1 \cdot 4 - 3 + 3 \cdot 4 = 17$

d) $3(x - 4) - (2 - x)3 + (x - 1)(5 - 2)$ Klammern ausmultiplizieren

$= 3x - 12 - 6 + 3x + 3x - 3$ Terme umordnen

$= 3x + 3x + 3x - 12 - 6 - 3$ Terme zusammenfassen

$= 9x - 21$

Probe mit $x = 10$:

Gegebener Term: $3(10 - 4) - (2 - 10)3 + (10 - 1)(5 - 2)$

$= 3 \cdot 6 - (-8) \cdot 3 + 9 \cdot 3 = 18 + 24 + 27 = 69$

Vereinfachter Term: $9 \cdot 10 - 21 = 69$

Probe mit $x = 0$:

Gegebener Term: $3(-4) - (2)3 + (-1)(5 - 2) = -12 - 6 - 3 = -21$

Vereinfachter Term: -21

Man erkennt, dass eine Probe mit 0 hier nicht sehr aussagekräftig ist, denn der vereinfachte Term würde auch -21 ergeben, wenn man als vereinfachten Term $ax - 21$ erhalten hätte für einen beliebigen a-Wert.

e) $(a - c)(a + c) + c^2 - ac$ Ausmultiplizieren oder Erinnerung an die 3. Binomische Formel

$= a^2 - c^2 + c^2 - ac$ Zusammenfassen

$= a^2 - ac$

Probe mit $a = 6$ und $c = 7$:

Gegebener Term: $(6 - 7)(6 + 7) + 7^2 - 6 \cdot 7 = -13 + 49 - 42 = -6$

Vereinfachter Term: $36 - 6 \cdot 7 = -6$

f) $\frac{3 - x}{5} + \frac{4x}{3} - 5x$ Als Bruch mit dem Hauptnenner 15 schreiben

$= \frac{3(3 - x) + 4x \cdot 5 - 5x \cdot 15}{15}$ Klammer im Zähler ausmultiplizieren

$= \frac{9 - 3x + 4x \cdot 5 - 5x \cdot 15}{15}$ Terme im Zähler vereinfachen

$= \frac{9 - 3x + 20x - 75x}{15}$ Zähler-Terme zusammenfassen

$= \frac{9 - 58x}{15}$

Probe mit $x = 3$:

Gegebener Term: $\frac{3 - 3}{5} + \frac{4 \cdot 3}{3} - 5 \cdot 3 = 4 - 15 = -11$

Vereinfachter Term: $\frac{9 - 58 \cdot 3}{3} = -\frac{165}{15} = -11$

Aufgabe 2

Seite 71

a) $3x - 5 = -2x + 6 \quad | + 2x$

$\Leftrightarrow 5x - 5 = 6 \quad | + 5$

$\Leftrightarrow 5x = 11 \quad | : 5$

$\Leftrightarrow x = \frac{11}{5}$

Lösungsmenge in der Menge der natürlichen Zahlen: $L = \{\,\}$.

Lösungsmenge in der Menge der rationalen Zahlen: $L = \{\frac{11}{5}\}$.

Probe:

Linke Seite: $3(\frac{11}{5}) - 5 = \frac{8}{5}$

Rechte Seite: $-2(\frac{11}{5}) + 6 = \frac{8}{5}$

b) $x + 2(x-4) = 2 - 2x + 5 + 4x$ | links ausmultiplizieren

$\Leftrightarrow x + 2x - 8 = 2 - 2x + 5 + 4x$ | Terme zusammenfassen auf beiden Seiten

$\Leftrightarrow 3x - 8 = 7 + 2x$ | $-2x$ und $+8$

$\Leftrightarrow x = 15$

Sowohl in $\mathbb{N}$ wie in $\mathbb{Q}$ ist $L = \{15\}$.

Probe:

Linke Seite: $15 + 2(15-4) = 15 + 2(11) = 37$

Rechte Seite: $2 - 2(15) + 5 + 4(15) = 2 - 30 + 5 + 60 = 37$

c) $-[x - (-x-1) - x] - 1 = -x - 1$ | [ ]-Klammer links beseitigen

$\Leftrightarrow -x + (-x-1) + x - 1 = -x - 1$ | ( )-Klammer links beseitigen

$\Leftrightarrow -x - x - 1 + x - 1 = -x - 1$ | Terme links zusammenfassen

$\Leftrightarrow -x - 2 = -x - 1$ | $+x$

$\Leftrightarrow -2 = -1$

Es ergibt sich eine Aussage, die unabhängig von x stets falsch ist. Es gibt keine Lösung, $L = \{\ \}$.

Seite 72 **Aufgabe 3**

a) $\frac{2}{3-x} - 2 = 4$

Bestimmung einer maximalen Definitionsmenge:

Gesucht werden Zahlen, die, eingesetzt in die Gleichung, einen sinnlosen Ausdruck ergeben. Das ist stets der Fall, wenn sich ein Nenner als 0 ergibt. Also werden die Nullstellen des Nenners $3 - x$ ausgeschlossen. $3 - x = 0 \Leftrightarrow x = 3$.

Die maximale Definitionsmenge ist also $\mathbb{Q} \setminus \{3\}$.

Lösung der Gleichung:

$\frac{2}{3-x} - 2 = 4$ | $+2$

$\Leftrightarrow \frac{2}{3-x} = 6$ | $\cdot(3-x)$

$\Leftrightarrow 2 = 6(3-x)$ | ausmultiplizieren

$\Leftrightarrow 2 = 18 - 6x$ | -18

$\Leftrightarrow -16 = -6x$ | $:(-6)$

$\Leftrightarrow \frac{8}{3} = x$

Die Lösungsmenge: $L = \{\frac{8}{3}\}$.

Probe:

Linke Seite: $\frac{2}{3 - \frac{8}{3}} - 2 = 6 - 2 = 4$

Rechte Seite: 4

b) $\frac{3}{x+1} = \frac{1}{2x-4}$

Bestimmung einer maximalen Definitionsmenge:

Es werden die Nullstellen der beiden Nenner-Terme ausgeschlossen.

$x + 1 = 0 \Leftrightarrow x = -1$ und $2x - 4 = 0 \Leftrightarrow x = 2$

$D = \mathbb{Q} \setminus \{-1, 2\}$

Lösung der Gleichung:

$$\frac{3}{x+1} = \frac{1}{2x-4} \quad | \cdot (x+1) \text{ und } \cdot (2x-4)$$

$\Leftrightarrow 3(2x-4) = 1(x+1)$ | ausmultiplizieren, vereinfachen

$\Leftrightarrow 6x - 12 = x + 1$ | $-x$ und $+12$

$\Leftrightarrow 5x = 13$ | $:5$

$\Leftrightarrow x = \frac{13}{5}$

Die Lösungsmenge: $L = \{\frac{13}{5}\}$.

Probe:

Linke Seite: $\frac{3}{\frac{13}{5}+1} = \frac{15}{18}$

Rechte Seite: $\frac{1}{2\frac{13}{5}-4} = \frac{5}{6}$

c) $-3x < 4(x+5)$

Maximale Definitionsmenge ist $\mathbb{Q}$.

Lösung der Ungleichung:

$-3x < 4(x+5)$ | rechts ausmultiplizieren

$\Leftrightarrow -3x < 4x + 20$ | $+3x$

$\Leftrightarrow 0 < 7x + 20$ | -20

$\Leftrightarrow -20 < 7x$ | $:7$

$\Leftrightarrow -\frac{20}{7} < x$

Die Lösungsmenge: $L = \{x | x > -\frac{20}{7}\}$.

Aufgabe 4 Seite 72

Der Text wird Schritt für Schritt durch mathematische Fachsprache ersetzt.

‹Das Vierfache einer Zahl x› wird ersetzt durch $4x$,

‹das Doppelte dieser Zahl› wird ersetzt durch $2x$.

Damit kann der Aufgabensatz kürzer so geschrieben werden:

$4x$ ist um 5 größer als $2x$.

Da $4x$ um 5 größer ist als $2x$, muss man von $4x$ 5 subtrahieren, damit der Term genauso groß wird wie $2x$. Also gilt: $4x - 5 = 2x$.

Diese Gleichung wird nun durch äquivalentes Umformen gelöst.

$4x - 5 = 2x \Leftrightarrow 2x - 5 = 0 \Leftrightarrow 2x = 5 \Leftrightarrow x = \frac{5}{2}$.

Die gesuchte Zahl ist 2,5.

Probe:

Es muss gelten:

Das Vierfache von 2,5 ist um 5 größer als das Doppelte von 2,5.

Etwas vereinfacht ergibt das: 10 ist um 5 größer als 5.

Das ist eine wahre Aussage, also ist die gefundene Lösung bestätigt.

Seite 73 Aufgabe 1

a) $\frac{x-3}{x-4} = \frac{x-5}{x-6}$

Maximale Definitionsmenge:
Die Nullstellen beider Nenner werden ausgeschlossen.
$x-4=0 \Leftrightarrow x=4$ und $x-6=0 \Leftrightarrow x=6$
Damit gilt $D = \mathbb{Q} \setminus \{4; 6\}$.
Lösung:

$$\frac{x-3}{x-4} = \frac{x-5}{x-6} \quad | \cdot (x-4)(x-6)$$

$\Leftrightarrow (x-3)(x-6) = (x-5)(x-4)$ | ausmultiplizieren

$\Leftrightarrow x^2 - 3x - 6x + 18 = x^2 - 5x - 4x + 20$ | zusammenfassen

$\Leftrightarrow x^2 - 9x + 18 = x^2 - 9x + 20$ | $-x^2 + 9x - 18$

$\Leftrightarrow 0 = 2$

Diese Gleichung ist immer falsch. Es gibt keine Lösung: $L = \{\}$.

b) $3x < \frac{9x-27}{3}$

Maximale Definitionsmenge ist $\mathbb{Q}$.
Lösung:

$$3x < \frac{9x-27}{3} \quad | \text{ rechts ausklammern und kürzen}$$

$\Leftrightarrow 3x < 3x - 9$ | $-3x$

$\Leftrightarrow 0 < -9$

Diese Ungleichung ist stets falsch. Die Ungleichung hat keine Lösung: $L = \{\}$.

Seite 73 Aufgabe 2

a) Bei g ist die Steigung $m = 2$ und der y-Achsenabschnitt $b = 3$ gegeben, also hat g die Gleichung $y = 2x + 3$.

b) Die Gerade h hat die Steigung $m = -2$, also hat die Gleichung die Form $y = -2x + b$. Da h die Nullstelle 4 hat, geht die Gerade bei $(4|0)$ durch die x-Achse. Werden die Punktkoordinaten in die Gleichung eingesetzt, so ergibt sich $0 = -2 \cdot 4 + b \Leftrightarrow b = 8$. Damit erhält man die Geradengleichung für h: $y = -2x + 8$.

c) Die Gerade k geht durch $A(1|2)$ und $B(-3|3)$.
Werden A und B als Eckpunkte eines Steigungsdreiecks für die Gerade genommen,

so ergibt sich für die Steigung $m = \frac{3-2}{-3-1} = -\frac{1}{4}$.

Die Geradengleichung hat so die Form $y = -\frac{1}{4}x + b$.

Mit den Koordinaten von A erhält man daraus $2 = -\frac{1}{4} + b \Leftrightarrow b = 2{,}25$.

$y = -\frac{1}{4}x + 2{,}25$ ist die Gleichung für k.

d) Die Gerade s geht durch C(3|3) und ist senkrecht zu h. Die Gerade h hat die Steigung –2. Für die Steigung m von s gilt $-2 \cdot m = -1$ nach der Bedingung für senkrechte Geraden.

Daraus ergibt sich $m = \frac{1}{2}$.

Die Geradengleichung hat die Form $y = \frac{1}{2}x + b$.

Mit den Koordinaten von C folgt $3 = \frac{1}{2} \cdot 3 + b \Leftrightarrow b = 1{,}5$.

Damit hat s die Gleichung $y = \frac{1}{2}x + 1{,}5$.

e) Die Gerade t ist parallel zu k und hat damit dieselbe Steigung $m = -\frac{1}{4}$.

Die Gleichung hat die Form $y = -\frac{1}{4}x + b$.

Mit den Koordinaten von (0|–1) erhält man $-1 = -\frac{1}{4} \cdot 0 + b \Leftrightarrow b = -1$.

Die Geradengleichung ist $y = -\frac{1}{4}x - 1$.

Skizze für alle Geraden

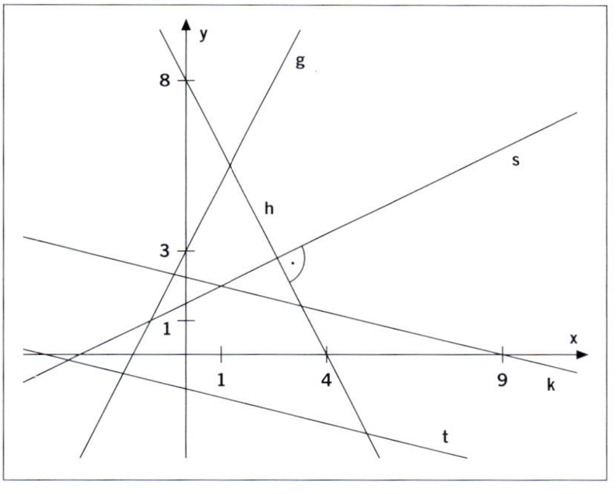

Seite 74 **Aufgabe 3**

Übersichtsskizze

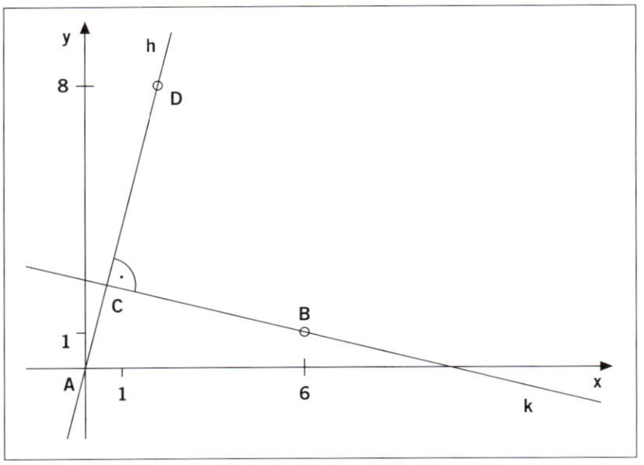

An der Skizze erkennt man schon ungefähr die Koordinaten von C, und von der Geraden BC lassen sich Steigung und y-Achsenabschnitt schätzen. Hiermit hast du eine gute Kontrollmöglichkeit für deine Rechnungen.

Um C als Schnittpunkt zweier Geraden zu berechnen, braucht man die beiden Geradengleichungen.

Es wird zunächst die Gleichung zu h bestimmt. Da h durch (0|0) geht, hat die Gleichung die Form y = mx. Mit A und D als Punkten eines Steigungsdreiecks für h erhält man $m = \frac{8}{2}$. Damit ergibt sich die Geradengleichung $y = 4x$.

Die Gleichung von BC ist nun zu bestimmen. Man weiß, dass die Gerade durch B(6|1) geht und senkrecht zu h ist. Mit der Bedingung für senkrechte Geraden erhält man für die Steigung m: $-1 = m \cdot 4 \Leftrightarrow m = -\frac{1}{4}$. Mit den Koordinaten von B gilt $1 = -\frac{1}{4} \cdot 6 + b \Leftrightarrow b = 2{,}5$. Man findet so als Geradengleichung für BC $y = -\frac{1}{4}x + 2{,}5$.

Vergleicht man die bisher gefundenen Ergebnisse, so stimmen sie gut mit der Skizze überein. Das gibt Sicherheit bei der Fortführung der Rechnung.

Mit den beiden Geradengleichungen wird nun mit dem Gleichsetzungsverfahren der Schnittpunkt C errechnet.

Im Schnittpunkt gilt für die x-Koordinate $-\frac{1}{4}x + 2{,}5 = 4x \Leftrightarrow 2{,}5 = 4{,}25x \Leftrightarrow x \approx 0{,}59$.

Die y-Koordinate des Schnittpunkts ergibt sich z. B. aus der Gleichung für h zu $y \approx 4 \cdot 0{,}59 \approx 2{,}36$.

Damit ist der Schnittpunkt angenähert C (0,59|2,36).

Seite 74 **Aufgabe 4**

Von A nach B sind es 80 Kilometer. Steffi startet um 12 Uhr und fährt mit einer Durchschnittsgeschwindigkeit von 70 km/h. Frank fährt mit einer Durchschnittsgeschwindigkeit von 91 km/h. Beide sollen gleichzeitig ankommen.

1. Lösungsschritt

Die Wege von Steffi und Frank können mit Geraden veranschaulicht werden, da man konstante Geschwindigkeiten annehmen kann.

2. Lösungsschritt

Wahl eines t, s-Koordinatensystems

t wird auf der waagerechten Achse in Stunden und s wird auf der senkrechten Achse in Kilometern angegeben.

Zeichnung von Steffis Weg

Steffi startet in A (0|0). Nach einer Stunde hat sie 70 Kilometer zurückgelegt, also ist ein zweiter Punkt ihres Weges P (1|70). AP wird gezeichnet. Der Schnittpunkt B von AP mit einer Parallelen zur t-Achse in der Höhe 80 gibt an, wann Steffi 80 Kilometer gefahren ist und das Ziel erreicht hat.

Zeichnung von Franks Weg

Für die Geschwindigkeit von Frank gilt v = 91. Die Gerade hat also die Steigung 91. Sie soll durch den Schnittpunkt B gehen, da ja beide zur gleichen Zeit am Ziel ankommen sollen. Mit einem Steigungsdreieck mit $\Delta x = 1$ und $\Delta y = 91$ gelingt das, wenn der Punkt B eine Ecke des Dreiecks ist.

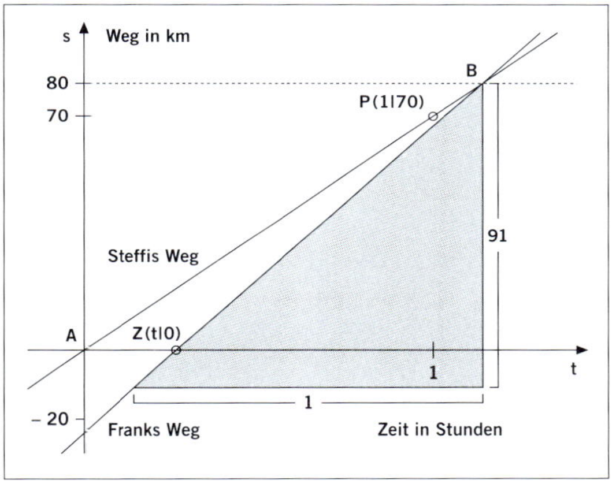

Der Punkt Z (t|0) gibt die Startzeit nach 12 Uhr für Frank an, t muss errechnet werden.

3. Lösungsschritt

Bestimmung von B

B liegt auf der Geraden für Steffis Weg. Die Gerade geht durch (0|0) und hat die Steigung v = 70. Damit ist s = 70 t die Geradengleichung. In B gilt s = 80.

Wird das in die Geradengleichung eingesetzt, so erhält man $80 = 70\,t \Leftrightarrow t = \frac{8}{7}$, also gilt B $(\frac{8}{7}|80)$.

Geradengleichung für Franks Weg

Die Gleichung hat die Form s = 91 t + b, da v = 91 gegeben ist. Mit den Koordinaten von B ergibt sich $80 = 91 \cdot \frac{8}{7} + b \Leftrightarrow b = -24$. Damit ist s = 91 t – 24 die Geradengleichung.

Startzeit von Frank

Im Punkt Z ist s = 0. Dieser Wert wird in die Geradengleichung von Frank eingesetzt. $0 = 91\,t - 24 \Leftrightarrow t = \frac{24}{91}$. Dabei ist t in Stunden angegeben. Umgerechnet in Minuten ergibt sich $\frac{24}{91} 60 \approx 15{,}8$.

Frank muss also 15,8 Minuten nach 12 Uhr losfahren.

Immer dabei: Das Lesezeichen

Schneide das nächste Blatt aus und falte es entlang der roten Linie. (Schlau ist es, wenn du dir die Seite 95 vorher kopierst – falls du das Lesezeichen einmal verlegen solltest.) Jetzt hast du ein tolles Lesezeichen, auf dem du immer schnell nachschauen kannst, wenn dir die Bedeutungen bestimmter Fachbegriffe nicht mehr einfallen.
(Wenn du Lust hast, kannst du das Lesezeichen unten lochen und einen dicken Wollfaden oder Ähnliches durchziehen. Dann ist es noch auffälliger. Du kannst es auch zusätzlich mit einer selbstklebenden Folie beziehen.)

Rechengesetze

Kommutativgesetze: $a + b = b + a$, $a \cdot b = b \cdot a$

Assoziativgesetze: $abc = a(bc) = (ab)c$

$a + b + c = a + (b + c) = (a + b) + c$

Distributivgesetz: $a \cdot (b + c) = ab + ac$

Vor- und Rechenzeichen: $-(-a) = +(+a) = +a = a$

$+(-a) = -(+a) = -a$

Neutrale Elemente: $0 + a = a$, $1 \cdot a = a$

1. Binomische Formel: $(a + b)^2 = a^2 + 2ab + b^2$

2. Binomische Formel: $(a - b)^2 = a^2 - 2ab + b^2$

3. Binomische Formel: $(a + b)(a - b) = a^2 - b^2$

Äquivalenzumformungen für Gleichungen und Ungleichungen sind alle Umformungen, die die Lösungsmenge nicht ändern.

Äquivalente Gleichungen und äquivalente Ungleichungen haben dieselbe Lösungsmenge.

Äquivalenzumformungen für Gleichungen:

– Addition und Subtraktion eines Terms auf beiden Seiten,
– Multiplikation und Division mit einem Term auf beiden Seiten, der Term muss ungleich null sein,
– identische Umformung einer Seite.

Äquivalenzumformungen für Ungleichungen

Es gilt dasselbe wie für Gleichungen mit folgendem Zusatz:
Bei Multiplikation oder Division mit einem negativen Term wird das Ungleichheitszeichen umgekehrt: $<$ wird zu $>$ und $>$ wird zu $<$.

Funktionen

sind eindeutige Zuordnungen, d. h., jedem Wert aus der Definitionsmenge wird genau ein Wert aus der Wertemenge zugeordnet.
Standardschreibweise:
$f: x \to f(x), x \in D$
Dabei gilt:
f ist der Name der Funktion,
$f(x)$ ist der Funktionsterm,
$y = f(x)$ ist die Funktionsgleichung,
x ist aus der Definitionsmenge D, y ist aus der Wertemenge W.

Die lineare Funktion

$x \to ax + b, x \in \mathbb{Q}$

Die Punkte des Graphen liegen auf einer Geraden. Dabei gilt:
a ist die Steigung, b ist der y-Achsenabschnitt.

Steigung einer Geraden

$$m = \frac{\Delta y}{\Delta x} = \frac{y_2 - y_1}{x_2 - x_1} = \frac{\text{y-Zuwachs}}{\text{x-Zuwachs}}$$

$m > 0$: die Gerade steigt nach rechts an
$m = 0$: die Gerade ist parallel zur x-Achse
$m < 0$: die Gerade fällt nach rechts

Nullstelle

einer Geraden mit der Gleichung $y = ax + b$ ist die x-Koordinate des Schnittpunktes mit der x-Achse.
Bestimmungsgleichung: $0 = ax + b$.

Senkrecht zueinander

sind zwei Geraden mit den Steigungen a und b, wenn gilt $ab = -1$.

Schnittpunkt zweier Geraden

mit den Gleichungen $y = ax + b$ und $y = cx + d$

Den x-Wert des Schnittpunkts erhält man durch Gleichsetzen der Terme aus der Gleichung $ax + b = cx + d$.
Den y-Wert erhält man durch Einsetzen des errechneten x-Wertes in eine Geradengleichung.